可持续性科学与管理丛书　　　诸大建　主编

 同济大学可持续发展与新型城镇化智库
TONGJI UNIVERSITY SUSTAINABLE DEVELOPMENT AND NEW TYPE URBANIZATION THINK TANK

中国农业用水及其影响因素研究

田园宏　著

Research of China's Agricultural Water Utilization and Its Influential Factors

同济大学 出版社
TONGJI UNIVERSITY PRESS

内 容 提 要

本书以生态经济学理论为基础,运用水足迹、计量经济模型、系统动力学等方法深入研究了中国农业用水量及其影响因素。测算了中国农业用水量,评价了城镇化对中国农业用水的影响及其作用机理,为未来城镇化进程下改善农业用水状况、提升用水效率提出了对策思路。

本书适用于从事农业水资源管理、城市治理、可持续发展等领域的研究者,对从事政府事务和公共管理的专业人员也有一定的参考价值。

图书在版编目(CIP)数据

中国农业用水及其影响因素研究/田园宏著. --上海:
同济大学出版社,2017.7
ISBN 978 - 7 - 5608 - 7099 - 1

Ⅰ.①中… Ⅱ.①田… Ⅲ.①农田水利-影响因素-
研究-中国-1978-2010 Ⅳ.①S279.2

中国版本图书馆 CIP 数据核字(2017)第 135651 号

可持续性科学与管理丛书

中国农业用水及其影响因素研究

田园宏 著

责任编辑 沈志宏 陈红梅	责任校对 徐春莲	封面设计 陈益平

出版发行 同济大学出版社 www.tongjipress.com.cn
(地址:上海市四平路 1239 号 邮编:200092 电话:021 - 65985622)

经　　销 全国各地新华书店
印　　刷 常熟市大宏印刷有限公司
开　　本 787mm×1092mm 1/16
印　　张 9.5
印　　数 1—1100
字　　数 237 000
版　　次 2017 年 7 月第 1 版 2017 年 7 月第 1 次印刷
书　　号 ISBN 978 - 7 - 5608 - 7099 - 1

定　　价 39.00 元

本书获得以下课题项目资助

上海市哲学社会科学规划课题青年项目

"长三角跨界水污染合作治理政策机制构建"(项目编号:2016ECK001)

中国国家留学基金委

"国家建设高水平大学公派研究生出国留学项目"(项目编号:201206260043)

可持续性科学与管理丛书

主编序

从 1992 年联合国在里约举行环境与发展世界峰会提出可持续发展战略，到现在已经有 20 多年；同济大学从 1995 年成立国内高校第一个可持续发展研究中心，到 2015 年成立可持续发展与新型城镇化智库也有了 20 年。国内外同行大多同意，可持续性科学的理论与方法是可持续发展学术研究和政策研究的前沿。过去 20 年来，在研究可持续发展的具体问题和发展战略的同时，我一直在思考和研究可持续性科学与管理的理论问题，初步形成了以下有自己研究特色并且可以与国际同行沟通的初步但是系统的想法。

（1）关于可持续性科学是发展与管理的整合（两个半球的理论与方法）

从 1992 年开始，在研究技术社会形态理论和政策的时候，就感觉到了将发展与管理整合起来研究的魅力。当时提出了"技术-发展"半球与"管理-体制"半球的两个半球的研究框架，用这个视角发现了中国当前发展的特殊属性。而这是单纯研究"技术-发展"的角度得不到的，也是单纯研究"管理-体制"的角度得不到的。1999—2002 年开始从这个角度研究撰写可持续发展的城市管理的著作，就提出没有发展作为研究对象的管理是空洞的，没有管理作为行动保障的发展研究是盲目的，在有关城市发展与宏观管理的学术对话中显示了某种优势。把发展与管理整合的概念作为中心原则，用以指导所从事的宏观政策与管理研究。20 年来参加了许许多多的学术活动，一直感到有一种综合致胜的感觉。

（2）关于可持续性科学与管理的对象维度（三个圆圈的理论与方法）

虽然有了两个半球的研究视角，但是最初有关"技术-发展"半球的思考却是空泛的，很大程度上是只考虑了经济方面的内容。但是 1994—1995 年到澳大利亚访问研究，系统地接触到可持续发展的理论以后就变得丰满了。现在形成的体系化的认识主要包括：发展应该从单一的经济方面进入到经济、社会、环境三个方面，这是增长与发展的区别；三者相互之间不是简单加和的并列关系（弱可持续性观点），而是环境包含社会、社会包含经济的包含关系（强可持续性观点）；不论是世界还是中国、区域还是城市，好的发展应该是在生态承载能力内的福利提高，福利是受益、生态是成本，因此可以运用 DEA 等相关方法。用这些认识指导低碳经济、循环经济、城市质量等研究，可以深刻而通俗地认为，绿色经济是经济增长与资源环境脱钩的经济，而绿色发展就是人类发展与生态足迹脱钩的发展。

（3）关于可持续性科学与管理的主体维度（界面合作的理论与方法）

最初的时候，有关"管理-体制"半球的思考也是空泛的，很长时间停留在政府与市场二元对立的方面。1999年开始研究面向可持续发展的治理问题，对于主体问题的思考就越来越丰满了。现在形成的体系化的认识主要包括：发展管理的主体应该从单一的政府机制进入到政府、企业、社会组织三种机制，其中社会组织是发展管理的第三种力量；三种组织在可持续发展中不仅要分工专攻，而且要合作治理，因此需要研究政府、企业、社会组织交界面上的新兴管理模式，其中政府与政府合作、政府与企业、政府与社会合作均是有新意的管理模式。这些思想后来在有关城市基础设施供给、政府公共服务绩效评估的研究中得到了很好的运用。

（4）关于可持续性科学与管理的过程维度（因果结合的理论与方法）

1999年在城市发展和管理的研究中，提出有结果导向和原因导向的两种思维，曾经单一地强调原因导向管理在过程研究中具有重要意义。现在觉得需要在运用可持续发展的 PSR 分析方法进行深化。这里 P（Pressure）表示问题产生的原因；S（State）表示问题的当前状态；R（Response）表示解决问题的对策，或者是针对状态的对策（SR），或者是针对原因的对策（PR）。按照 PSR 的分析方法，易于发现对待问题不外乎四种态度，从而提出针对性解决方案。在公共服务中，从 PSR 模型可以提出政府绩效＝结果/投入×投入＝结果/产出×产出/投入×投入的研究思路，从原因的角度分别评估基于公众的结果、基于生产者的产出、基于安排者投入三个方面。这样就可以把世界银行的三个主体互动模型与绩效评估结合起来，形成有系统性的状态导向应急政策和治本导向战略对策。这些思想后来在上海和"长三角"公共交通服务绩效的研究中得到了很好的运用。

幸运的是，以上自己有关可持续性科学与管理的理论思考，在我们的研究团队中得到了认同，成为我们研究可持续发展各种具体问题和战略问题的工作范式，指导了我们多年研究工作的深化和拓展。组织出版本丛书，目的是汇集我们在这方面的理论探索和应用性成果，呈现我们在可持续发展研究及其理论问题上的某种中国学派特色，希望我们的努力符合国际可持续发展的研究方向。

是为序。

诸大建

2015 年 2 月 2 日　同济大学

Contents
目录

Contents
目录

表目录

图目录

前　言

中国农业耗水占全国用水总量的 60%，GDP 产量只占全国总量的 10%；在当前由水污染与水稀缺引起的水资源危机背景下，农业面临提高水资源生产率的压力。农业生产关系着粮食安全，用水量不能无限制减少；但是目前的快速城市化进程对水资源的需求不仅使农业用水要为其让步，而且城市中未达标处理的水排放造成农村水生态系统的破坏，降低了农业水资源生产率。因此，本书在计算农业用水总量的基础上，针对城市化对农业用水的影响机制及作用路径进行了探讨。

首先，核算了 1978—2010 年间中国 5 种主要粮食作物（水稻、玉米、小麦、大豆和高粱）的蓝水（农作物生产过程中消耗的地表水和地下水的总量）和绿水（农作物生产过程中蒸腾的雨水资源量）足迹值。计算了在此期间 5 种粮食作物的贸易水足迹值、每个省份中 5 种粮食作物的水足迹值、每种作物的水足迹占比、5 种粮食作物绿水与蓝水足迹比例。分析了单位耕地面积、人口和 GDP 的 5 种主要粮食作物的单位水足迹值，发现水足迹效率提升，但是水足迹总量却因为粮食产量上升而增加。

其次，构建面板回归模型，分析了城市化对农业水资源生产率的影响和驱动机理。回归结果表明，城市化率与农业用水量没有相关性，但是与农业水资源生产率正相关。与城市化率相比，城市污水处理率更能解释农业水资源生产率的变动，并且这种影响带有地区异质性。进口农产品进口量增大，使进口农业水资源量所占比重增大，因而当前的农业用水量无法反映中国在农产品上的实际水资源消耗量。

第三，构建了系统动力学模型，从多因果维度模拟了城市化对农业用水量的影响。将联系城市与农村的因素归入土地、人口、非农业经济、粮食生产和水资源 5 个子模型中，它们分别从水资源供应、水资源需求、水资源供应与需求、水资源需求、水资源供应的层面上影响农业用水，其中农业水利投资能最大限度地提升农业用水效率。

第四，运用系统动力学模型，检验了涉及城市化和农业用水几项政策的实施所产生的效果。结果表明，4 万亿元水利投资政策和绿水战略在节约农业用水量、增产粮食方面作用效果明显；从政策可操作性看，4 万亿元水利投资更易实施——因为引入社会资本、改革农业水价和建立公众用水监督机制，都将增加农业水利投资的资金来源。

综上所述，本书的研究聚焦在农业用水量和农业水资源生产率上，并且这项研究紧紧依托了中国的快速城市化国情。它计算了 1978—2010 年长达 33 年时间跨度内主要粮食作物的水足迹值，分别从单因果与多因果角度建立模型探讨城市化和农业用水相关政策的实施对农业用水的影响，是对中国农业用水的系统性实证分析。

书中不足或错漏之处，敬请读者批评指正。

第1章 绪论

1.1　1.2　1.3

1.1　研究背景与研究意义

1.1.1　研究背景

中国正面临着由于水污染和水资源时空分布不均而造成的水稀缺的威胁,农业生产消耗了全国用水量的约60%,产出占 GDP 总量的10%,因此面临提高农业水资源生产率[①]的压力。加大水利和灌溉设施投资力度改善用水设备等方法被用作提高农业水资源生产率,并在1978—2010年间取得了成效。但是在此期间的农业用水总量却没有下降。原因之一在于为了保障粮食安全并且提供给工业生产所需的原料,中国的粮食产出持续上升,其耗水量占农业用水总量的80%。

粮食总产量的增加是粮食耗水量上升的根本原因。什么在推动粮食产量的增加?工业的发展和人民饮食结构的改变是最主要的因素。1978—2010年是中国工业化快速发展时期,工业经济总量的增长需要粮食作物作为原料。与此同时,大量农村人口涌入城市成为城市人口,其粮食结构由简单的五谷杂粮变成同时消费禽肉蛋奶类食品。中国的工业化和人口从农村向城市迁移的过程就是中国的城市化进程。1978—2010年间,我国城市人口增加了4.96亿人,他们为城市工业的发展补充了劳动力,改变了整个国家人口的城乡分布。

中国的城市化仍在继续,为了保障城市化进程中的用水需求,农业用水要不要缩减的问题越来越尖锐。农业的经济产出仅占经济总量的10%,用水量却占了总量的60%,相对于工业和服务业,农业用水显然是高投入低产出的。农民是中国最贫困的人群,为了保障粮食安全,国家仅象征性地向农业用水征收水资源费,同工业和市政用水相比,农

---

① 农业水资源生产率:即单位体积农业用水的经济产出。

业用水在经济效应上没有优势。但是中国的《水法》规定,市政和工业用水要比农业用水优先得到满足,农业用水没有用水优先权。所以,各种因素造成了农业用水在不同类型的水资源需求有冲突的时候可能最先被放弃,但是农业用水对于粮食生产的不可或缺性又使它不可能向工业用水无限让步,经济增长与资源稀缺的矛盾在中国农业用水的问题上被鲜明地呈现出来。

水资源对中国农业发展的制约呼应了生态经济学对经济发展的预言——当人力和资本积累到一定程度之后,自然资源会成为经济增长最重要的限制因素。这个时候如果要使农业经济走向可持续发展的道路,就要在考虑水资源总量约束的前提下,保持适度的经济总量规模,并且在不同地区公平分配、在不同的生产部门合理配置水资源。

首先要明确的是目前中国的农业水资源消耗现状——是否水资源禀赋高的地区耗水量更大还是相反的情况?农产品进出口是否优化了中国以及世界水资源配置?城市化对中国农业用水形成了什么影响?这些影响是通过什么途径发挥作用的?城市化与中国农业用水互动的机制是什么?最近实施的城市化和农业政策会对中国农业用水产生什么样的影响?它们正是此前的水资源研究没有回答过的问题,寻求这些问题的答案是本书研究的出发点。

1.1.2　研究意义

农业水资源的研究对象是农业用水,它与经济、社会与自然资源共同组成了一个系统,这个系统的要素决定了系统的结构。所以,针对农业用水的研究要综合考虑多方面的因素。当然针对其的所有研究都要在明确农业用水量的前提下进行。因此,本书首先引入水足迹工具来计算在全国粮食作物产量中占比92%、全国耗水量中占比33%的5种主要粮食作物(水稻、玉米、小麦、大豆和高粱)的水足迹值,并在此基础上以系统建模的方法来模拟当前对中国经济、社会和自然环境带来最大变化的城市化进程是如何作用于中国农业用水量和水资源生产率的。有效发挥水足迹、计量经济学和系统动力学的作用,这是本书的理论意义。同时,这项研究是在中国城市化快速发展以及农业水资源生产率急需提高的背景下进行的,是对城市化背景下的农业水资源生产率提高问题的深入探讨,这是本书的现实意义。

1.2　研究问题与研究内容

1.2.1　研究问题的提出

农业分行业用水量数据的缺乏以及全行业农业用水量统计数据精确性经受的质疑首先给农业用水研究提出的一个问题是：中国的农业耗水量究竟有多少？农业耗水量最大的部门是粮食生产部门。以粮食耗水量的计算为例，因为缺乏每种粮食产出的官方统计数据，我们很难了解到中国各省份在粮食种植中的耗水量，给分析国内不同省份粮食种植的水资源禀赋使用情况、国际粮食贸易带来的中国水资源量的盈亏带来困难。水足迹工具运用农作物生长时的土壤、气候、产量等数据计算其消耗的水资源数量，为全面核算农业水资源理论消耗量提供了可能性。所以，我们对这个问题的回应是：运用水足迹工具计算在农业生产耗水量最大、在城市化进程中作用最大的粮食种植行业的水足迹值。

粮食产量的增加抵消了粮食作物单位水足迹值的减少带来的效应，使粮食作物水足迹值在 1978—2010 年间不降反升。粮食产量的增加不仅加剧了水资源禀赋低的产粮地区的缺水形势，而且增加了我国对进口粮食的依赖。因此有必要思考的第 1 个问题是引起粮食产量增加的原因是什么。考虑到城乡居民粮食结构的差异和工业对粮食的需求，城市人口的增加会直接带来居民对粮食需求的增加、城市化带动的工业发展会直接增加粮食的工业用量需求，而这背后最直接的推动力就是中国的城市化进程。因此，我们提出了第 2 个问题：城市化对农业用水有影响么？这种影响是对农业用水量的影响还是对农业水资源生产率的影响？

城市化是一系列的人口、土地用途、经济模式等的变动，它带来的经济、社会和资源环境的波动都会成为驱动农业用水量波动的因素。因此，我们提出了第 3 个问题：如何将上述因素考虑进去，从多种原因的角度综合分析城市化对农业用水的驱动？

近年来中央在出台的一系列总体规划或者文件中都谈到需要消解城市化过程中的一系列问题，例如 2012 年的《中共十八大报告》和 2014 年的《国家新型城镇化规划(2014—2020)》中都提及要降低城市化对农业用水带来的负向压力如污染和水稀缺等。所以我们提出本书研究的最后一个问题：与上述目标相关的具体政策如 4 万亿元水利投资、农村土地流转政策等的实施对农业用水有什么样的作用？

1.2.2 研究内容

本书将首先运用水足迹工具计算中国主要粮食作物水足迹值,水稻、玉米、小麦、大豆和高粱这5种粮食作物是居民口粮和工业用粮的主粮。在此基础上,初步分析引起粮食生产用水量增加的原因是经济发展对粮食的需求,引起粮食生产用水配置不合理的原因是粮食产区考虑土地资源禀赋而忽视当地的水资源禀赋,最终初步假定城市化对中国农业用水存在某种程度的影响。随后,对城市化影响中国农业水资源生产率的假设做了验证,从城市化率和城市污水处理率两个指标角度检验了城市化对农业用水的影响效果;为了从多因果角度阐明城市化对中国农业用水的作用机理,本书建立系统动力学模型,模拟了1978—2010年间的城市化对农业用水的作用过程;最后给出未来城市化进程下中国农业用水的政策执行过程中应当注意之处。

1.2.2.1 中国主要粮食作物水足迹值的测算

生态经济学认为,经济发展应当首先考虑自然资源的规模,然后从分配和配置的角度保障其使用的可持续性。如何衡量中国水资源的使用是否超出了每年的水资源更新能力?[①] 这需要计算中国每年所生产的商品中包含的水资源总量。[②] 水足迹是指生产或者消费活动所消费的水资源量。它用来计算小到某种产品大到一个行业、一个城市、一个国家甚至整个世界在生产某种商品的过程中消费的水资源量或者消费的某种商品中所包含的水资源量。水足迹有3种:绿水、蓝水和灰水足迹,它们分别是生产中所消耗的雨水、灌溉用水,以及为了稀释生产中所产生的有机排放物达到排放标准所需要消耗的水资源量。在本书中,水足迹被用作测算中国农业耗水量的工具。

本书研究的是农业水资源问题,农产品中90%的水资源用于农业灌溉,粮食产业耗水量约占农业灌溉用水总量的2/3。上述5种主要粮食作物的生产量占粮食生产总量的92%,本书据此将92%等同于该5种粮食作物用水量在粮食产业所消耗水资源总量中的比例。因此,该5种粮食作物耗水量折合占全国水资源消耗总量的33%(图1-1)。中国的农产品数目繁多,粮食作物也有几百种,但是没有哪5种产品能像这5种粮食作物一样消耗如此大量的水资源(Tian, et al., 2016)。因此选取这5种主要粮食作物水足迹值进行计算具有针对性、代表性。这一部分的研究内容能够给分行业逐步核算中国农业整体水足迹提供参考;它主要介绍了粮食作物的水足迹值计算的方

---

① 水资源更新能力:水资源通过天然作用或人工经营能为人类反复利用的能力。

② 水资源总量:即水资源的总体积。

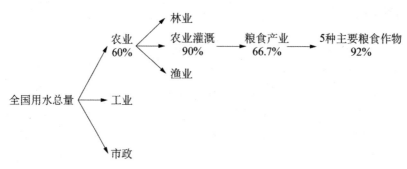

图1-1　5种主要粮食作物用水量在粮食产业用水总量中的占比

法、数据来源和工具,测算上述 5 种粮食作物 1978—2010 年间的单位产量、省际生产、国家层面生产、中国国际贸易和国家层面总消费量的水足迹值。

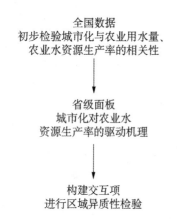

图1-2　城市化与中国农业水资源生产率的关系研究内容

1.2.2.2　城市化与中国农业水资源效率

这一部分探讨城市化对中国农业用水的影响,着重探讨城市化与中国农业用水量、城市化与中国农业水资源生产率之间的关系等两大类问题。国家统计局公布的农业用水量是在 2003 年之后,多数省级行政区域 2004 年的城市污水处理率的数据缺失,受数据可得性限制,这部分采用全国 32 个省际行政区域在 2004—2010 年间的面板数据[①],初步检验 2004—2010 年间的中国城市化率与农业用水量、城市化率与农业经济产出的相关性。随后加入一系列控制变量,详细探讨了城市化对农业水资源生产率的驱动机理,并构建城市化率与城市污水处理率的交互项检验城市化率对农业水资源生产率作用的地区异质性(图 1-2)。各项控制变量经过自变量相关性检验、平稳性检验以及与因变量之间的相关性检验等步骤之后,构建了最终的面板回归分析模型。分析得出的与中国农业水资源生产率相关的因素将会提供提高农业水资源生产率的路径。

1.2.2.3　城市化对中国农业用水的作用机理

上一部分是针对城市化对中国农业水资源生产率影响的分析,是一种单因素检验的

---

① 面板数据:包含多个截面、多个时间序列的数据。

分析,不能看到城市化作用于农业水资源的动态过程。为了克服单因素分析不能反映动态过程的缺陷,这一部分引入系统动力学模型,帮助厘清城市化对中国农业用水作用的内在机理。

城市化所需要的要素——劳动力、土地和水资源是联系城市和农村的物质纽带,而两者之间通过粮食买卖和城市对农村的投资产生经济往来,城市化-经济发展-资源消耗三者之间相互联系并且相互制约,构成了一个系统,满足运用系统动力学建立模型的前提条件——系统的自身结构决定系统的行为。所以,这部分建立系统动力学模型,该模型包括土地、人口、水资源、经济和粮食生产等 5 个子模型,分别模拟土地在城市和农村之间的流动、人口在城乡间的流动、工业和农业用水、经济的发展和粮食生产等 5 个关键领域中各类要素的变动。在这里,"经济""土地""人口""水"和"粮食生产"等是各个独立的子系统,并非一个单独的变量,其中有一系列的研究变量;每一个子系统都由一个子模型组成。这一模型的基本结构如图 1-3 所示。

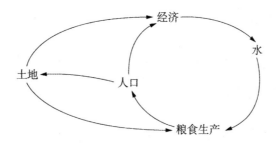

图 1-3 城市化与中国农业用水模型[①]

1.2.2.4 情景分析与政策建议

中国城市化仍在继续,城市化率将从 2010 年的 50% 提高到 2030 年的 65%。为了推动这一进程,中国将采取一系列措施;同时推行的还有为了保障农业用水需求的措施。上述两类措施的同时实施将产生各种情景。

情景分析法是在对经济、社会、技术、资源领域中的一些有合理性和不确定性事件在未来一段时间内可能呈现的态势进行比较分析,确定各种态势发生的可能性以及这些态

---

① 土地:包括城市土地、农村土地以及在城乡间流通的土地;人口:包括城市人口、农村人口以及在城乡间流通的人口;经济:包括非农业经济、农业经济;水:包括农业、工业和生活用水;粮食生产:指整个粮食生产过程,包括其劳动力、土地、水资源的消耗,以及粮食产出等。城市化进程需要占用土地、水等资源,消耗粮食等生产资料,需要人口等人力资源的参与,并最终产出经济增量。本书把此模型命名为"城市化与中国农业用水模型",以突出本研究的重点为探讨城市化进程中农业用水的变动。

势产生的影响。与传统的趋势外推法相比,情景分析法能够根据随着随机因素的变动以及决策者意愿的变动而设定不同的场景,因此有更大的灵活性。系统动力学是常用的情景分析工具中的一种。

系统动力学建模能够模拟不同政策情景产生的结果,因此其功能之一就是为政策的执行提供建议。这一部分模拟十八届三中全会公布的单独二胎政策引起的生育率波动,农村土地流转政策引起的农村土地与城市土地之间的流动率变化,4 万亿元水利投资等政策下中国 2013—2030 年间的城市化率与农业水资源生产率的变动,尚未引起重视并出台相应政策但是能增加农业用水供给的"绿水战略"[1]等政策对农业用水量的影响,并据此给出政策执行的建议。

1.1　　1.2　　**1.3**

1.3　研究思路和研究方法

1.3.1　研究思路

本书围绕中国农业用水这一主题展开研究。首先计算了中国主要粮食作物的水足迹值,以明确中国农业用水总量,即"是什么";然后分析引起中国农业用水经济产出波动的原因,回答"为什么"的问题;第三建立城市化与农业水资源的系统动力学模型,模拟两者联系的机理,进一步阐释"为什么",所建立的模型最后用作模拟不同政策对农业用水的影响,回答了"怎么办"的问题。具体研究思路如下。

(1) 介绍彭曼公式及其应用过程中所需数据的来源,计算中国 5 种主要粮食作物水足迹值,包括省级水足迹(每个省份生产粮食所需的水足迹值)、贸易水足迹(进出口粮食中包含的水足迹值)、国家生产水足迹(在中国国内最终消费的粮食中所包含的水足迹值)等,分析水足迹量与耕地面积、人口和 GDP 产出之间的关系,并提出了检验城市化影响农业用水的进一步研究思路。

(2) 运用计量经济学研究城市化对农业用水经济产出的影响。运用全国的面板数据回归分析,分析城市化与中国农业用水量和农业水资源生产率之间的关系,从城市化率[2]

---

① 绿水战略:即利用雨水,增加粮食生产中雨水的使用量。
② 城市化率:城市人口占全国总人口的比率。

和城市污水处理率①两个角度研究城市化对农业用水的作用路径,并分析城市污水作用于农业水资源生产率的地区异质性。

(3) 从多因果角度分析中国城市化对农业用水的作用机理。把城市化、土地、人口、非农业经济增长、粮食生产和农业用水放在一个系统中,寻找将这些因素联系起来的路径,建立系统动力学模型模拟城市化对农业用水产生影响的内在作用机理,以 1978—2010 年间的数据作为参考数据,检验并不断调试模型,直至模型结构通过系统敏感性分析。

(4) 在前面一章已经构建的系统动力学模型中,模拟不同政策情景下的 2010—2030 年中国农业用水变动趋势,评估当前城市化进程中的人口、土地、经济、水资源政策给城市化和中国农业用水带来的影响效果,为政策的执行提供建议。

1.3.2　研究方法

本书运用定量计算与定性分析等研究方法,采用水足迹、地理信息系统(GIS)、计量经济学、系统动力学和政策分析等工具,研究按照如下步骤展开。

(1) 综述研究中,首先回溯虚拟水②和水足迹已有的研究,介绍两者的异同,指出相对于虚拟水而言,水足迹是更适用于本书的计算工具;然后介绍城市化对农业用水相关性的已有研究成果;再次,介绍运用系统动力学研究城市与水资源领域的已有成果;最后,综述与中国农业水资源管理政策相关的研究。

(2) 介绍计算中国 5 种主要粮食作物——水稻、玉米、小麦、大豆和高粱的单株农作物、省级生产、国家生产、国际贸易净值和国家消费水足迹值的方法,计算 1978—2010 年间中国上述各项的水足迹值,运用 GIS 绘制中国各省级行政区域内的蓝水和绿水比例图。

(3) 提出城市化影响中国农业用水量和农业水资源生产率的假设,并运用 2004—2010 年间省际面板数据进行检验;同时加入控制变量,进一步分析城市化作用于农业水资源生产率的路径;构造交互项对城市化作用于农业水资源生产率的地区异质性进行检验。

(4) 运用系统动力学模拟 1978—2010 年间城市化作用于中国农业用水的机理,以期更加清晰地解释城市化是如何对中国农业用水造成影响的。

(5) 再次运用系统动力学对 2010—2030 年间不同政策作用下城市化与农业用水的

---

① 城市污水处理率:城市污水处理量与城市污水排放量之间的比值。
② 虚拟水:即凝结在生产或者服务中的水资源量。

变动进行情景分析,在评估各项政策对中国农业用水作用效果的基础上,得出应将4万亿元水利投资更多用在改善管网和灌溉设备、提高农业用水效率上,而非过多强调增加取水能力上的结论。同时得出了增加雨水利用比率能够有效缓解我国农业用水紧张局势的结论。

图1-4是按照上述研究思路绘制的技术路线图。

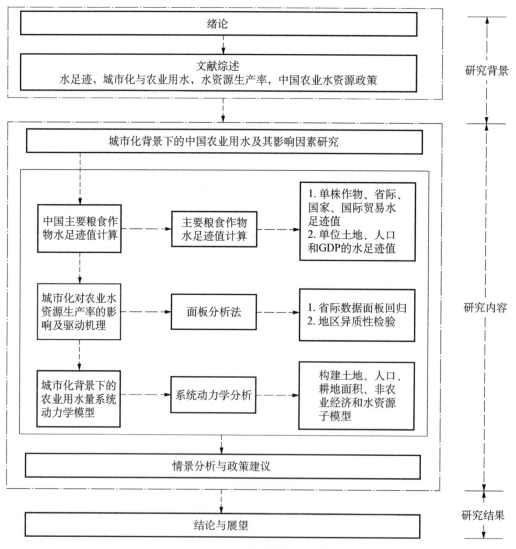

图1-4 研究的技术路线图

第 2 章　文献综述

本章综述的内容围绕本书所运用的方法展开,论述了水足迹和虚拟水两种理论用水量的计算方法、城市化与农业水资源生产率、系统动力学模拟水资源管理、中国农业水资源政策等 4 个议题的内容。本章介绍了虚拟水和水足迹的异同,并给出了选择水足迹作为本书计算工具的理由。在城市化与农业水资源生产率研究综述部分,分别论述了水资源生产率、城市化和农业用水之间关系。稍后介绍了系统动力学的基本理论、系统动力学在水资源管理中的应用。综述了与本书内容相关的中国农业水资源政策研究,包括农业水量政策和农业水价政策、农业水科技政策、农业水污染防治政策、农业水足迹贸易政策等。最后进行了总结性的述评。

2.1　2.2　2.3　2.4　2.5

2.1　水足迹与虚拟水研究述评

2.1.1　水足迹和虚拟水的联系

水资源有 4 种类型:河川径流和地下水补给,土壤水,蒸发水和各地区河流的过境水,它们都可以被农业生产利用,但是如果只有河川径流和地下补给水出现在水资源利用的统计数据中,这样就可能产生农业所利用的水资源量被低估的现象。水足迹和虚拟水能够计算某种产品在整个生产过程中使用的水量,因此能够弥补此前农业水资源统计量不能准确反映农业水资源使用量的不足。

Allan(1997)提出的"虚拟水"概念是指某种产品在生产时的用水量。它从战略高度研究农产品和畜牧产品贸易的水资源管理,其提出之初的目的是引导中东与北非地区政府制定有效的水资源政策,以解决中东与北非地区的水资源匮乏。水足迹是对虚拟水概念的拓展。水足迹指从个人、家庭、部门、某行业、城市到整个国家在生产或者消费的产品中包含的虚拟水数量,它可以计算生产中或消费的水的种类,[1]以及何时何地产生了这些水足迹。水足迹从生产者和消费者角度研究用水,是多维的水资源研究指标(Hokestra,2003)。这两个概念的提出,使水资源研究从此前的着眼于进行给水排水的技术改进或采用价格杠杆提高用水效率,转变到着眼于从产品生产或者贸易引起的水稀缺与水污染带来的水资源危机来研究水资源;将水资源研究从环境领域拓展到社会经济领域;把经济学与管理学工具引入水资源管理中,对应对水资源危机具有现实意义(诸大建、田园宏,2012)。

2.1.2 水足迹和虚拟水的区别

水足迹同虚拟水联系密切却是一个不同的概念(Wichelns,2001),两者在研究范围、研究对象、计算方法、研究角度、研究意义上均存在不同。从研究范围看,虚拟水研究参与农产品交易商品中的理论用水量[2],水足迹则试图通过研究从个人、家庭、部门、某行业、城市到整个国家生产或者消费的产品中包含的虚拟水数量,揭示生产以及消费方式和国际贸易与水资源管理之间的关系。从研究对象来看,虚拟水计算蓝水和绿水足迹,水足迹除此之外还考虑了生产过程中产生的污水。从计算方法来看,虚拟水计算采取自下而上方法,将生产某种商品或者服务从最初环节到最终环节所消耗的水资源加总;水足迹还可以采用自上而下法计算,即将一国用水总量加上该国虚拟水进口量[3]减去虚拟水出口量[4];从研究意义来看,虚拟水研究能够缓解水资源紧缺,实现供水安全和粮食安全(Wichelns,2001);水足迹研究可以调节地区水资源消费以优化全球水资源配置(Feng et al.,2011)。

总结下来,虚拟水和水足迹都是近年研究水资源的热点工具,但是虚拟水主要是指国际贸易的产品中包含的水资源数量,而水足迹则包括了国内生产和消费的产品中的水资源量(诸大建、田园宏,2012)。本书所需要计算的中国本国生产以及消费的5种主要粮食作物中包含的水资源量,因此从两者之中选取水足迹作为计算工具。

2.1.3 水足迹研究

2002年水足迹概念提出(Hokestra,2003),如今已经有10年的研究历史。其研究分为几个阶段,第一阶段是2002年到2008年,水足迹的研究集中在计算方法探讨和数

---

① 消费水的种类包括蓝水、绿水和灰水3种类型。
② 理论用水量:与实际用水量相对应,指根据公式计算出来的水资源量。
③ 虚拟水进口量:指进口商品中所包含的虚拟水数量。
④ 虚拟水出口量:指出口商品中所包含的虚拟水数量。

值计算上。Hokestra 首先提出了水足迹的初步计算方法(Hokestra, 2009),随后他的研究团队逐步完善了绿水、蓝水和灰水足迹计算方法。在此基础上可以计算不同地理以及活动范围内的水足迹——小到种植一株作物、生产某种商品、一个或者多个消费者、一个地区、一个国家的水足迹,大到区域甚至全球的水足迹值(Hokestra, 2011)。

水足迹的计算方法有自下而上和自上而下两种,分别称为全生命周期法和投入产出法。全生命周期法常用于基础性产品如农产品水足迹值的计算,而投入产出法则用于较大范围水足迹值的计算(Hokestra, 2009)。为了将计算过程规范化,现在已经开发了相关的计算模型、建立了数据库,如 CROPWAT 和 AQUACROP 等数据库可用于计算绿水足迹值。CROPWAT 模型由联合国粮农组织建立、适用于理想状况;缺水条件下则 AQUACROP 模型更适用(FAO, 2010)。蓝水计算最佳数据来源是产品制造商掌握的数据或者由当地政府以及全球性的分支机构提供的数据(Hokestra, 2011)。

按照计算范围、水足迹类型和行业的不同可以将水足迹计算细分。小的计算范围可以是一种农作物、一次活动等。如对小麦水足迹计算过程中需要的参数数据的研究,可以供世界其他地区小麦水足迹计算参考(Liu, et al., 2007; Siebert & Döll, 2010; Mekonnen & Hoekstra, 2010; Sander, et al., 2010)。计算范围大到一省或者一个国家,如印度、印度尼西亚和西班牙各省份的水足迹值,英国国家水足迹总量等(Feng, et al., 2011; Verma, et al., 2009; Bulsink, et al., 2010)。

水足迹有绿水、蓝水和灰水 3 种。针对绿水和蓝水足迹,世界各个国家不同农作物生长所需绿水和蓝水足迹被计算出来,并被公布在"世界水足迹网络"网站上(Hokestra, 2011)。与绿水和蓝水计算相比,灰水计算因为需要实时数据使其计算相对复杂,实时数据难以获得也使其数据可得性较差。由于灰水足迹能够直接反应生产过程中的污染程度,因此也有学者在数据可获范围内展开了对灰水足迹的研究(Mekonnen & Hoekstra, 2010; Bulsink, et al., 2010; Chapagain & Hoekstra, 2010; Mekonnen & Hoekstra, 2012)。

从行业来看,农业水足迹的研究最多,工业水足迹的计算正逐渐增多。工业水足迹的研究结果能够为工业生产提供很多启示。如通过对饮料包装盒生产过程的研究发现,从饮料盒原料生产到饮料盒到达消费者手中的过程中,供应链水足迹占比 99.7%～99.8%;相对于提高生产环节的水资源使用效率,供应链环节的水资源使用效率的提高在减少水足迹值上起到关键作用(Eric, et al., 2009)。

在计算得出水足迹值的基础上,可以深入研究影响水足迹值的因素。经济、贸易以及人口因素是影响一个国家或者地区水足迹值的重要原因(Jenerette, 2006)。国内学者计算了中国不同省份、区域的水足迹值,对影响水足迹值的因素进行了分析,并模拟了未来不同的贸易政策和水资源使用技术条件下的水足迹值(Jenerette，2006;龙爱华，等，2006;马静，等，2005;王克强，等，2011)。

综上所述，研究者们将注意力集中在欧洲、中东、北非、印度等国家的农产品水足迹研究上(Feng, et al. , 2011; Zeitoun, 2010)，针对中国农产品包括粮食产品水足迹的研究则非常少见。有几篇可检获的中国粮食产品水足迹值计算的文献(黄晶，等，2010;何浩，等，2010)，却没有系统介绍粮食产品水足迹的计算过程，包括计算方法、计算中所需要的数据如何进行查找，如何使用计算软件将数据计算出来等。因此本书将水足迹工具应用在中国粮食产品的耗水量的计算中并进行了系统的测算。

2.1 **2.2** 2.3 2.4 2.5

2.2 城市化与农业水资源生产率研究述评

2.2.1 水资源生产率研究述评

2.2.1.1 资源生产率

资源生产率指每单位自然资源的投入所带来的经济产出，用来衡量经济活动使用自然资源的效率(黄晓芬，2006)。已经出现的资源生产率研究主要集中在 3 个方面：资源生产率的出现有什么意义;资源生产率的计算方法是什么;资源生产率有哪些实际应用(朱远，2007)。

早在李嘉图时期，自然资源的相对稀缺就引起了广泛关注，但是当时自然资本不如人造资本稀缺，因此提高自然资源利用效率的问题没有得到重视。但是到了 20 世纪，随着人造资本愈发丰富，自然资源的稀缺逐渐成为制约经济增长的主要因素，提高自然资源生产效率的需要催生了"资源生产率"概念。因此设立这项指标的目的是为了实现经济活动增长中的减物质化。

关于资源生产率的计算方法，Daly(2001)的研究对资源生产率概念进行了系统化的讨论，将资源生产率进一步细分成 4 个子概念：服务效率、维持效率、增长效率和生态系统效率，分别等于所获得的人造资本服务与人造资本存量之比、人造资本存量与自然资本流量之比、自然资本流量与自然资本存量之比、自然资本存量与所牺牲的自然资本服务之比;它们反映从自然资本到人造资本转化全过程的效率。同时，资源生产率还可以细分为狭义的和广义的资源生产率两种，不同的种类范畴其计算方法也不一样。狭义的资源生产率考虑了经济系统输入端需要消耗的自然资源,主要是水、土地和能源。因此其计算方法等于经济产出与资源投入之比。广义的资源生产率不仅考虑到资源投入,而且也考虑了生产过程中对环境造成的污染量。根据此定义的资源生产率不仅包括经济产出与资源投入量的比;还包括了经济产出与废水、废气或土壤污染物等污染量之比(诸大建、朱远,2005)。

资源生产率的实用价值体现在 3 个层面:第一,企业通过测算自身的资源,找出能够提高自身竞争力的途径;第二,测算城市和区域的资源生产率,讨论提高城市绿色竞争力的问题;第三,测算国家以及世界的资源生产率以此作为其绿色发展战略。基于此,针对提高资源生产率应当采取哪些策略也已经展开相关研究。布朗(2003)探讨了政府若在提高资源生产率中的主体作用,就应该注重与资源生产率相关政策的制定与实施;Bringezu & Schutz(2001),Ayres & Aayres(2002)等相继提出了提高物质资源生产率的基本策略。

2.2.1.2 农业水资源生产率及其影响因素

首先要明确农业水资源生产率与农业水资源效率是两个不同的概念。农业水资源生产率是指单位体积的水资源投入所产出的农业经济价值,它考察的是经济产出与水资源用量之间的关系。农业水资源效率是指发挥效用的水资源量与投入使用的水资源量的比值;它有 4 种类型:①农田总供水效率;②田间水分利用效率;③灌溉水利用效率;④降水利用效率(段爱旺,2005)。

国内针对农业水资源率的研究很少,国外则有大量的相关文献。这些研究涵盖了可能影响农业水资源生产率的技术因素、用水以及种植制度因素和水资源管理政策因素。

粮食种植灌溉用水占了农业用水量的主要比例,因此粮食作物水资源生产率是农业水资源生产率研究领域中的热点。Ali 和 Talukder(2008)对以往有关粮食作物水资源生产率影响因素的文献进行了综述,定性论述了一系列因素对粮食作物水资源生产率的影响。它们包括种植作物种类、灌溉方式选择、水稻的灌浆方法、土壤因素、农艺工艺、经济因素等;还有技术因素,如非充分灌溉法、使作物先置于缺水的情况下以便增强其吸水能力、在砂质黑土上采用波涌沟灌、对作物种子进行相似性的筛选、干预种子的年龄、湿种或者直接播种、灌种或者泡种、使用有机肥和农家肥或者进行庭院种植、耕作和深度松土、雨水储藏、减少作物蒸腾作用、节水灌溉、种植高产值作物、更新灌溉系统、整合农业和水利系统等。Ali 和 Talukder 认为,随着技术的发展,未来技术因素可能不是限制粮食作物水资源生产率的主要因素,经济因素例如更新灌溉设备所需要的资金等,可能成为限制大多数地区粮食种植水资源生产率提高的因素。

Ali 和 Talukder 的综述肯定了雨水对提高粮食作物生产率的作用,同样的观点也出现在了 Erkossa 的研究中。Erkossa 等(2014)发现增加雨水使用量,能使埃塞俄比亚尼罗河流域黑土地上的农业水资源生产率提高57%,这表示在缺水地区增加设施搜集雨水在缺水时使用是一种可行的战略。如果在缺水的季节不能保障雨水或者灌溉用水的供应量,为了提高灌溉农作物的水资源生产率,放弃一部分农田相对于保留所有农田采取部分灌溉的方法更能提高水资源生产率(Vazifedoust, et al., 2008)。在极度缺水地区如撒哈拉,若兼顾粮食种植和畜牧业用水,就需要综合粮食作物种子、水资源和牲畜等多种因素考虑。选择高质量的粮食种子,进行水资源源点管理、牧草管理,保持牲畜的健康并对其进行精心饲养(Descheemaeker, et al., 2010)。

制度因素的影响在缺水地区作用明显。在研究中国农业水资源生产率的文献中,针对水资源管理机制的改革可能对农业水资源生产率产生影响。Zhang 等人(2013)研究发现,北方的用水协会虽然让水户有了更大的参与农业水资源管理的机会,但是这却没有对提高这一地区的农业水资源生产率有显著影响。如果对农业用水协会中的各项管理政策进行细分,不难发现协会中人员规模、协会数量和现有的水资源压力对农业水资源生产率有正相关性。

2.2.2 城市化对农业用水的影响研究述评

2.2.2.1 国外城市化与农业用水研究

农业用水是指在农业的各个分支——种植业、畜牧业和林业生产中所使用的水资源。Bahman 和 Mohammad(2013)通过对伊朗 Amlash 省的农民进行问卷调查发现,影响伊朗农业用水的六大因素是机械化、技术革新、经济、社会、知识和农民的种植经验,这六大因素可以解释71.50%的农业用水变化。David 等(2010)研究了世界几个地区如北美、中国、南部澳大利亚和中东的小麦生产水资源效率,发现中国小麦产量、蒸发量居中;北美粮食产量居中、蒸发量高;南部澳大利亚粮食产量较高、蒸发量低;中东地区粮食产量较低、蒸发量较高。他们同时研究了不同粮食种类生产中的水资源效率,发现单位面积内高产粮食作物的水资源效率高于低产量粮食作物,因此种植的粮食作物类型会影响农业水资源的使用。

那么城市化是如何影响农业用水的?这要从城市化的实质谈起。城市化是人口从土地中转移出来,从农民转变为非农民,居住地点从乡村到城市的过程(Wang & Yang, 1987)。城市经济发展缓慢而人口自然增长率较高的国家如非洲国家,城市化主要依靠城市人口的增长。人口自然增长率较低、经济发展迅速的国家如中国,其城市化主要是农村人口的转移(Satterthwaite, et al., 2010)。这种转移可能是一系列因素共同作用的结果(Matuschke, 2009)。城市吸引农村人口的因素包括:城市能够提供更高的工资以及更好的就业机会,尤其是对妇女而言;另外,城市比农村有更好的公共服务,比如医疗和教育;最后,城市是现代化生活的中心,有很多文化和社会机遇可供选择(Overman & Venables,2005)。而推动农村人口离开农村的因素可能因地区而异,例如在非洲地区,农村的冲突、疾病和干旱、土地沙漠化、人口压力、对农村的歧视,都可能迫使农民离开农村(FAO,2008)。在列举的上述因素中,最重要的是经济因素,即城市在经济实力上的吸引力(Wang & Yang,1987)。城市的经济实力使其生活质量优于农村。

城市化造成的拥挤是影响农业用水的最主要原因。城市里有越多的人,就有越多的空间被占据;越多的空间被占据,就留下更少的农田被用于农业。总是最好的土地被占,然后耕地向较低生产率的土地上的转移,增加了拥挤对于粮食生产的影响。人们使用土地用作住房、工作、交通、娱乐和分散污染。当世界人口较少时,人口集聚在最有生产力的土地周围。世界人口的增加将迫使农业生产转移到较低生产率的土地上并且耕地数量也会减少。最终农业生产转移到酸性土壤上,需要加大灌溉比重以抵消恶劣的自然环境带来的影响。同时,随着城市居民生活水平的提高,对肉类禽蛋等加工食品的需求量增大,需要消费粮食来发展畜牧业,因此粮食需求量增加,而粮食的生产需要消耗水资源。当粮食需求增加时,资本生产率高的人工环境、温室、海洋耕作和合成食物将被采用,而高强度的农业将会带来水资源的污染(Forrester,1971)。工业和居民生活用水对水质和供水的持续性相对于农业用水都有更高的要求,为了保障其需求,农业用水也会受其影响(Shen & Liu,2008)。

城市化带来的污染降低了农业生产效率。为了解决进入城市劳动力的工作需求,需要发展城市工业和服务业。高端服务业如咨询、金融、银行业等对劳动力受教育程度有较高的要求,相对低端的服务业如家政、旅游和会展等对居民的消费能力要求较高。发展中国家不仅没有大量的高素质劳动力,而且居民消费能力有限,缺乏上述发展大规模服务业的条件,只能从工业化起家。工业化的发展常常伴随着污染。一个生活在没有现代资本工厂的社区的人只会产生很少的污染。工业化中的发电厂、原材料加工、化工厂和废弃物等都会产生污染(Forrester,1971)。未经处理的废水被排向了周边农村,有些被用作农业灌溉,而废水用作农业灌溉后生产出的粮食是否适合使用一直存在争议,并且使用这种水资源降低了农业用水的使用效率(Varis & Vakkilainen,2001)。

城市化使居民生活水平提高,剩余的社会资本投入农业灌溉设备中,提高了农业用水效率。如果居民的生活水平较低,表示产品的生产能力较低,生产出来的产品将被迅速消费,而不是被储存起来用作稍后的扩大再生产。因此,当城市化提高了居民的生活水平之后,就有资本被用作投资,其中一部分被投入到农业生产,用于改善灌溉设施,提高了农业用水效率(Forrester,1971)。

目前普遍认为城市化对农业生产有一系列的消极影响,比如农村失去劳动力和土地,城市的扩张以及对城市公共设施投资、服务和补贴上的财政倾斜。但是非常明显的是,城市对于农产品的需求对于提高农村人口收入有积极的作用。农业生产者可以为城市的企业提供一系列的产品与服务,城市为农产品走向市场提供了便捷。而当整个世界可以通过国际贸易联系起来的时候,农产品被纳入全球的经济体系下,一个国家的农业水资源能够通过农产品贸易进入另一国的城市中,因此一座城的城市化可能影响另外一个地区的农业水资源使用(田园宏,等,2013)。综合考虑城市化带给农业水资源的积极和消极影响,城市化的人口和经济帮助农业和农村解决贫困问题的积极影响,能否抵消掉农业土地和用水减少给农业生产带来的消极影响,是最需要估量的问题(Satterthwaite, et al., 2010)。

由此可见,城市化所需要的要素——劳动力、土地和水资源是联系城市和农村的物质纽带,而城乡之间通过粮食买卖和城市对农村的投资产生经济往来。此前的城市化背景下的农业用水研究,范围涵盖了世界(Simonovic, 2002)、流域(Xu, et al., 2002)和单个城市中(Stave, 2003)的城市化与农业用水的关系。从全球层面揭示了水资源与工业发展的强相关性,在影响工业生产的 5 个因素——人口、经济、农业、非可再生资源和污染中,工业产生的污染是影响未来水资源的最重要因素(Simonovic, 2002)。

在流域管理层面,通过模拟未来流域工业、农业和生活用水的数量,探讨影响流域水资源供应和需求的主要因素(Xu, et al., 2002)。在城市发展的层面,对不同城市发展下的农业用水研究能够为城市市政决策提供参考,如 Stave 运用系统动力学模拟拉斯维加斯的水资源管理,研究结果表明减少该城市的室外用水(如喷泉、绿化等)比减少同等数量的室内用水量(如酒店用水量)对于维持该地区的水平衡意义更大(Stave, 2003),这对于拉斯维加斯的城市投资者决定在室外景观中投资还是在室内设施中投资的决策具有参考价值。

经过梳理文献,我们也发现,还没有建立国家层面探讨城市化和农业用水的模型,尽管事实上这种研究对城市化快速发展的中国具有重要意义。

2.2.2.2　中国的城市化与农业用水研究

中国是世界上人口最多的国家,农村人口在城市化进程中大量涌入城市。目前中国每年有 1 400 万农民进入城市。中国政府采取了一系列对城市化有利的措施来推动城市化进程,例如:工农产品的剪刀差使农产品价格上涨幅度慢于工业产品,因而单位工业产品换取的农产品数量更多,利于工业发展(刘成玉,1993)。设置户籍政策,把城镇和农村分割成为两个世界(孙文凯,等,2011);借由这种划分,城市人口和农民在税费负担和社会保障上存在明显的不平等(杨翠迎,2004),城市社会保障健全,标准较高,给居民提供了最低生活保障线制度,但是农村人口却没有相应的保障。针对城市的投资力度远高于农村,导致农村的基础设施、文化设施等长期落后,而且造成了城乡收入的差距(郑群峰,2010)。

长期的政策倾向使中国的城市发展速度远远快于农村,城乡发展极其不平衡。基于此,中央政府从2004年开始采取包括取消农业特产税、农业税减免、粮食直接补贴、良种补贴、农机具购置等一系列惠农支农政策(简新华、何志扬,2006);同时开始采取措施工业反哺农业,这些策略包括:加快工业化进程带动农业发展;加快城市化进程带动农村剩余劳动力转移;调整国民收入分配格局加大农村基础设施、基础教育和农业科研推广的投入来提高农业综合生产能力;建立产业化经营机制提高农业竞争力;建设新农村来改变农村落后面貌;发展循环农业、可持续农业实现农业的可持续发展。但是,从总体上来讲,目前我国工业对农业大规模的反哺还有很长的路要走。

在上述城市化背景下,农业用水经常需要向城市发展让路。原因在于:

首先,农业用水的经济附加值低。中国农业用水量占总量的约60%,但是农业经济产出仅占经济产出总量的10%,农业耗水量大而经济产出低,当水资源越来越紧缺,如果城市里工业和电力所需要的水资源与农田灌溉用水有冲突,常常以缩减灌溉用水告终。根据国家统计局在2000年做过的研究,预测2000—2010年间270个北方、东北、西北和东南沿海城市的水资源缺口,而解决方案是,40%的缺口需要从农业用水中调取(Gu, et al., 2012)。

其次,对于农业用水,工业和居民生活用水对水质和供应持续性相都有更高的要求,为了保障其需求,农业水资源管理也会受其影响(Shen & Liu, 2008)。

第三,城市产生的污水排向农村地区,会降低农业用水的使用效率。1997年中国城市产生了31.5 km^3污水,2010年增加到650 km^3,预计2030年将达到960 km^3(Varis & Vakkilainen, 2001)。中国城市污水未处理率2003年为60%,2010年为20%(《中国统计年鉴》,2004,2011)。未经处理的废水被排向了周边农村,有些被用作农业灌溉,而废水用作农业灌溉后生产出的粮食是否适合使用一直存在争议。

当然,城市化对农业用水也有积极的影响。城市化能够增加在城市里务工及其周边农村中与该城市有贸易往来的农民的收入,同时为交易提供市场,因此农民能够购买提高水资源灌溉效率的设备。因此,在1998年左右,尽管北京的水资源被调用到城市中心造成农田灌溉面积缩减,但是这个时期所出产的粮食作物的经济总量却增加了(Hubacek, et al., 2009)。

总结此前的研究,有必要量化分析城市化对中国农业用水的影响,分析这种作用的机理,以便为未来如何在城市化背景下提高农业水资源生产率提供政策建议。

2.3　系统动力学模拟水资源管理的研究述评

2.3.1　系统动力学研究

计量经济学通过分析影响水资源使用的历史因素来预测未来的水资源使用情况,但是历史数据印证的相关性并不能保证在未来情景中适用,因此运用计量经济学的预测带有不确定性。同时,计量经济学能够解释造成水资源量波动的原因,但是不能够形象地反映造成这种波动的内在机理。系统动力学模型的建立,首先就要分析影响研究问题的正向反馈和负向反馈,然后学习系统、系统的结构与行为之间的关系,系统的结构和这些反馈在系统未来的行为中仍然能够发挥作用,因此它不仅能够解释清楚系统内部运行的机理,而且用它预测系统的行为得到的结果更加可靠(Winz, et al., 2009)。

系统动力学综合了系统理论、信息反馈理论、决策理论、系统力学、计算机仿真技术等理论(李旭,2008),能够通过学习系统、系统的结构与行为之间的关系来有效地解释系统内各个因素相互作用的机理(Pruyt, 2009)。系统动力学曾用在管理、环境、政策、经济、医药和工程领域的问题分析中。

系统动力学的建立包括如下几步:①确定研究问题;②对系统进行描述;③建立模型;④对模型的合理性进行论证;⑤运用模型进行政策分析;⑥把模型以论文或者报告的形式推向公众(Steve, 2003)。

系统动力学适用于研究反馈能够影响系统行为、并且时间跨度较长的问题(Vennix, 1996),不适合用于解决一次性的决策(Stave, 2003)。所以确定正负反馈是建模中的一个重要环节。系统动力学用因果回路图或者流图来反映系统内的正负反馈。因果回路图使用箭头表示系统中的正负反馈;流图是由"库"和"流"来表达其中的因果反馈。

因果回路图和流图在表达系统中的反馈上各有优劣,通常会结合这两种图来表达整个模型的设计。因果回路图的局限是:①不能够总是解释流是怎么影响库的;②可能会造成流和库的混淆;③不能为系统中的各种行为提供合理的解释;④不能解释某些动态行为(Lane, 2000)。

模型流图的局限在于:①模型图过于复杂,可能无法来描述回路;②可能因为篇幅的限制无法将整个模型表达出来;③包括了太多的技术细节;④无法解释动态现象(Lane, 2000)。所以,究竟应该采用因果回路图还是流图,要看不同的场合。

具体来说：①解决典型的库和流的问题时，流图比因果回路图更有用；②解决典型的反馈问题时，因果回路图比流图更有用；③对于混合的库、流和反馈问题，因果回路图和流图的混合图更有用。对流图而言，"库"是物质或者其他事物的积累，是系统的状态；"流"是系统的状态改变的速度(Sterman，2000)。

两者具体的区别是：①库通常是名词，流通常是动词。②库不会随着时间的停滞而消失(如果选取这个系统的瞬间拍快照的话)；流会随着时间的停止而消失(假设条件下)。③库会向系统的其他部分发出信号(能够代表系统状态的信息)。

2.3.2 系统动力学在水资源领域的研究

系统动力学同样适用于水资源管理。系统动力学在水资源管理中的应用可以分成 5 大分支——区域分析以及流域规划、城市用水、洪水、灌溉和纯过程模型。

首先，区域分析和流域分析是系统动力学在水资源进行最初研究时的着眼点。1958 年系统动力学产生，接着在 Forrester 所建立的第一个系统动力学模型的基础上，Crawford 和 Linsley 所建立的分水岭模型被认为是第一个综合性的水资源模型(Crawford & Linsley，1966)。Hamilton 分析了 Susquehanna 河流域的经济和社会因素对其水资源管理的影响(Hamilton，1969)，上述两个模型都跟区域或流域分析相关。同时运用系统动力学进行区域和流域水资源分析也是近年来的研究热点，区域的范围从一个地区(Xu，et al.，2002)拓展到了一个国家，甚至整个地球水系统(Simonovic，2002)。区域性的水资源研究会关注工业和可获水资源对经济的反馈作用，并且时间跨度长，约为 50~100 年。流域和水域的水资源管理则更多地关注水资源和人口的互动(Winz，2009)。

其次，城市的水资源管理被认为是水域管理的一种特殊情况。城市水资源管理的连续性要求管理者能够更加迅速地做出反应，这对模型的建立是一个挑战。城市的水可能取自远离城市的地点，因此对城市用水的研究首先要明确其界限。系统动力学在水资源承载力范围内研究水资源配置的成果，可以作为城市投资者应当在哪种用途的水资源中进行投资的参考依据(Stave，2003)。

第三，近年来一些洪水研究，将地表水、地下水、灌溉用水等整合在一起的研究也开始使用系统动力学。如 Ahmad 和 Simonovic 合作进行了一系列的运用系统动力学模拟洪水的研究，模拟不同的政策对加拿大红河可能暴发的洪水的影响，基于此需要如何做出决策以应对洪水(Ahmad & Simonovie，2000)。

第四，土地使用、种植粮食作物的选择、肥料和虫害等都会对灌溉用水产生影响(Saysel，2004)，使用系统动力学模拟决策对不同时间和空间上的灌溉用水分配效果明显(Diaz,2004)。

第五,系统动力学模型的两个重要用途——探索可行性的未来和探索不同政策可能产生的效果(Pruyt,2009);模拟较长时间阶段内的物理、社会和经济等因素对水资源系统的影响具有可行性;系统动力学的延时作用也使运用系统动力学适合进行较长时间段内的研究(Winz,2009)。

| 2.1 | 2.2 | 2.3 | **2.4** | 2.5 |

2.4　中国农业水资源政策研究述评

农业水资源政策是指包含以水资源安全和节约水资源为目的而进行的各种农业用水政策的调整和应用(王克强,等,2011)。与本书的研究相关的农业水资源政策,包括从需求和供给角度进行水资源管理的农业水量政策和农业水价政策、通过科技投入提高农业用水效率的农业水科技创新政策、对农业污水预防和治理的政策和农业水污染防治政策、调节农产品进口税率和出口补贴率的农业虚拟水贸易政策等4类。如2.3所述,虚拟水贸易是指国际贸易商品中所包含的水资源,水足迹是指国内和国际贸易的商品中所包含的水资源。本节所讨论的贸易不仅包括国际贸易,而且包括国内农产品交换,因此采用农业水足迹贸易政策更精确。政策研究本身可以从政策的制定依据、出台、执行方式和执行效果评估等4个步骤着手,因此本章将从政策制定到效果评估进行这4大类农业水资源政策的研究综述。

2.4.1　农业水量和农业水价政策

农业水量政策和农业水价政策分别从需求管理和供给管理的角度出发制定农业水资源政策,制定这两项政策的根本目的在于控制农业水资源的使用数量。它们主要的实施手段分别是控制水资源供给量、调整农业水资源费率(王克强,等,2011)。下面分别介绍这两种政策的实施。

2.4.1.1　农业水量政策

农业水量政策即为满足农业用水需求而从需求管理的角度出发实施的配置农业水资源的政策。在政策的出台阶段,从宏观调控的角度看,可以运用明确水权归属、保障水权交易的公平性、制定合理的水价等政策手段来保障农业水资源配置的合理性(陈旭升,

2011)。针对水量配置机制的选择,王先佳和肖文(2001)建立数学模型模拟市场机制和集中分配机制下的水资源分配效率,认为市场机制在分配稀缺资源时效率更高。从农业水资源配置主体看,可以大到全国范围,小到流域、省际甚至村内的农业水资源分配。

在全国范围内,农业水资源要与第二、三产业协调分配,对此我国的水法规定"工业和市政用水相对农业用水具有优先权",表示国家政策倾向于优先满足工业和市政用水需求,农业水资源配置数量在较大程度上受到工业和市政用水量的影响。

流域内的农业水资源分配在优先满足工业和生活用水需求之外,还要依据以供定需、水量和水质同时控制、统一协调生态环境用水量的原则。流域以供定需的农业水资源配置是指随着流域水资源的耗竭加剧,应当在考虑流域水资源禀赋的前提下定量配置流域内的农业水资源用量。同时,如果上游农业水资源使用中产生的污染使下游水质恶化影响下游用水效率,对上游的用水配额也应该相应减少,即水质和水量同时控制以配置流域内的农业用水量。还应当预留一定量的生态水量以使流域生态环境保护的功能得以发挥(陈旭升,2011)。

在政策的执行阶段,涉及水资源生态价值保护的、涉及水资源监督管理的、关于农业水权配置程序的、协商制度、听证制度、公示制度、争议解决制度、监督管理制度、信息采集和汇总制度等一系列涉及农业水资源配置的法律规章制度,能够为配置过程的顺利进行提供保障(郭莉,2006)。

在政策的评估阶段,马培衢(2007)构建的新制度经济学模型,从经济角度考察灌区农业水资源的配置效率,揭示了不同水权制度有效性的差异;但是综合社会、经济、生态和效率等多个维度评价农业水资源配置效果的机制,目前在我国还没有出现,所以我国缺乏针对农业水资源配置政策的专项综合评价体系(常文娟、马海波,2009)。

2.4.1.2 农业水价政策

中国的农业水费征收政策经历了如下历史沿革:1982年之前,是从无偿供水到少量收取水费的阶段。1982—2002年间,是有偿供水的标准收费阶段,国家制定相关政策规定按照供水成本来征收水费。2003年至今,是依据市场经济规律逐步推行水价改革的阶段。农业水价计价方式从此前单一水价,扩展到按灌溉(或耕地)面积固定收费,"两部制"水价、递增水价、季节水价等多种计价方式并存(朱杰敏、张玲,2007)。第三阶段实施的中国农业用水的价格由资源费用和设施建设费用组成,资源费用即水资源做最合理利用的机会成本;设施建设费是指采取水资源到农田中所需要的建设、运营和维护灌溉设施的费用(Webber, et al., 2008)。

农民灌溉用水的收费可能依据如下4种方式:①灌溉面积;②作物种类;③用水量;④多种因素的组合。例如以村、面积或者作物类型的组合收费(Hussain, 2007)。

农业水价政策的实施效果分析着眼点有：评估水价能否反映水资源的价值、提高农民节水意识和企业福利等。评估方法包括问卷调查法(郭善民、王荣,2007)和对比法分析水价能否反映农业水资源价值及取水运营管理费用。

Webber 等(2008)通过对比研究认为,针对占用水总量 60% 的农业用水,征收的仅是象征性的水资源费和基础设施建设费,过低的水价无法反映水资源的实际价值,更无法激励农业提高用水效率。这是因为：中国的农民是最贫穷的群体,以西部农民尤甚。如果征收过高的费用,农民难以承担种植粮食作物的成本并可能因此而放弃某种作物的种植(Han & Zhao, 2007),因此,中国农业水价只是象征性地征收一些费用,但是如果考虑管网设施建设以及管理运营水库费用,中国农村水价要达到 4.00 元/m³,是中国目前农村实际水价的 30 倍(He & Chen, 2004)。目前中国的水价仅占到粮食生产总成本的 3.0% 到 5.0%,而合理的水价应占生产总成本 6.6% 到 10.6%(Nickum, 1998)。在水资源的价值被低估的情况下,无法激励农业提高用水效率(Webber, et al., 2008)。但是中国的农民是贫穷弱势群体,如果提高水价,农民可能放弃粮食种植,威胁粮食安全。

面对上述是否提高农业水价的两难窘境,有没有政策解决方案？李强等(2003)认为应当创造市场型价格机制,通过价值规律将有限的水资源配置到效益更高的地方去,而不是单纯地提高水价。或者,按照水资源的市场价值提高水价,对提高水价产生困难的地区进行补贴(朱杰敏、张玲,2007)。因此,农业水价政策设定时不仅要依据水资源自身价值和取水、输送水、管理等费用,另外,非常重要的一点是,准确评估农民的支付能力和支付意愿。

2.4.2　农业用水科技创新政策

农业用水科技创新政策是指运用政策手段促进节水高效的灌溉农业和现代旱地农业的发展(王克强,等,2011)。

农业用水科技创新政策包括科学技术的创新和管理方式的创新两种。目前漫灌仍在大部分地区使用,灌溉系数仅为 0.45,即灌溉的水中有 55% 被浪费掉了(包晓斌,2011)。因此需要推广滴灌等先进浇灌技术。同时还要改良种子质量,引导农民种植抗旱的作物,这些措施都需要以科技为支撑(刘文、彭小波,2006)。因此引入农业用水科技创新政策有其必要性。

以灌溉技术为例,在政策的出台上,从国家到基层的各级政府以及核心科研院所都推出了一系列政策来推进农业灌溉技术的科技创新。1988 年和 2002 年的水法提及了推广节水灌溉技术;1976 年中科院、1977 年国家计委、1998 年国家计委联合水利部、2005 年国家五部委联合、人民银行、农业银行、农业发展银行和农村信用合作社等都推出了相关政策。这些政策涉及了节水灌溉工程管理体制和运营机制,理顺政府、灌溉管理单位和农民的责、权、利的关系,同时还包括了制定和落实贴息贷款、低息贷款、延长还贷时间等推进节水灌溉的各项优惠政策(国亮,2011)。只是这些涉及节水的政策一般都是自愿性而非强制性的政策。

在政策的推广与落实上,政府对大型灌区节水改造进行投资,借助投融资机制引入社会资本在中小灌溉项目上投资,为保护农民参与节水灌溉的积极性而对农民生产粮食基于直接补贴或者出台粮食的最低保护价(国亮,2011),成立用水协会推广用水科技政策,管理水费收缴、宣传节水灌溉技术等(王新平、王永增,2007)。

评估农业节水政策的落实效果有多个角度。相关研究有:评估节水政策推广、节水技术实施后农业水资源市场的供给和需求之间的关系,即农业水市场的供需均衡程度(王克强、黄俊智,2006)。运用随机前沿分析法,测算政策实施后的农业灌溉效率变动(许郎、黄莺,2012)。针对农业节水灌溉技术政策中各项子政策的实施结果,也可以建立模型进行分析。如刘冬梅等(2008)对中东部地区共 9 个省级行政区的 2 452 名用户进行问卷调查,探讨了各潜变量对农业采用节水灌溉设备选择的影响,问卷调查的结果表明加强节水技术的推广和宣传也能促进农业节水灌溉技术的落实。

"现代旱地农业的发展"事实上指的正是旱地节水农业的发展。我国旱地农业面积约占全国耕地面积的 59%(尚望泽,2004)。由于这部分地区多数处于干旱地带,主要依靠有限的天然降水进行农业生产。它属于非灌溉农业,但是在有条件灌溉的地方,也可以应用节水灌溉技术进行补充灌溉,因此它可以成为优先灌溉或非充分灌溉(张振国,等,2000)。旱地农业的灌溉不同于灌区,这是由于后者经常会有充分的降水用作灌溉水源。针对旱地农业用水技术的政策研究能查找到的很少,因此本书对这部分内容也不多加阐述。

2.4.3 农业水污染防治政策

中国农业水污染防治政策的制定者包括政党、立法机关和行政部门。政策工具包括法律、法规等强制性的命令——控制工具,税收、补贴等经济激励手段,教育与援助、责任规制、合约或者契约等自愿服从与间接工具(邱君,2007)。王礼力和陆维研(2011)的研究则把涉及农业水污染防治的法律法规列举出来。如:国家出台的《中华人民共和国环境保护法》(1989)、《水土保持法》(1991)、《海洋环境保护法》(1999)、《水法》(2002)、《农业法》(2002)、《固体废物污染环境防治法》(2004)、《农产品质量安全法》(2006)、《水污染防治法》(2008)以及 2006—2009 的中央一号文件等,都提及了农业水污染的防治。

对于防治措施的执行效果,国家也出台了针对单独或者重点流域的考核政策来评估农业水污染防治法律法规的执行效果。比如,《淮河流域水污染防治工作目标责任书执行情况评估办法(试行)》(2008)和《重点流域水污染防治规划(2006—2010)执行情况评估暂行办法》(2008)等。但是,其他的农业政策的施行可能会加大农业水污染防治的难度,例如对农业生产过程中化肥、农药的补贴政策增加了化肥和农药的消费量,意味着增加了对土壤和水污染的可能性(邱君,2007)。所以各项农业政策出台前就应当考虑这些政策实施后会对社会、经济与环境产生什么样的影响,以此作为是否出台该项政策以及以什么力度执行这种政策的依据。

各级政府及其行政部门是上述政策的执行者(王礼力、陆维研,2011)。涉及农业水污染治理的管理机构有各级政府,各级环保局等监督管理部门,水利部、农业部、林业部、海洋局等参与部门(邱君,2007)。在预防上,按照国家制定的固体废弃物、水等的污染防治法,督促各个农业排污点达标排放。建立污染排放权交易是利用经济手段来推行水污染防治政策(张东方,2009)。同时,城市化、工业化造成的污染都有可能波及农业用水,因此从源头上减少工业化造成的污染也是减少农业水污染的措施之一(赵赟,等,2009)。与此同时,发挥传播媒介的作用宣传相关政策也能推进政策的执行(王礼力、陆维研,2011)。在治理上,使用 EM 等生物技术净化水体(李洪良,等,2006);并且以各个流域、水系等为治理对象进行农业水污染的治理(夏劲燕,2012)。城乡二元体制的管理缺位、基层农村社区水污染约束机制的漏洞等,造成了农村水污染政策执行力度不够(杨守彬,2013)。

在有检测网络的地区,可以检测农村水污染政策实施后水质变化来评估这项政策实施的效果。在缺少检测网络的地区,运用调查问卷法可以用来评估农村水污染防治政策执行的效果(宋国君,等,2012)。问卷的内容主要围绕政策预期效果——受体、生态、水质状况和污染物排放情况,问卷调查的对象是当地农民。

2.4.4 农业水足迹贸易政策

我国不存在与国外直接的水资源买卖,但是通过农产品的进出口,间接与其他国家的水资源进行了国际贸易;因此农业水足迹贸易是以农产品贸易为载体的。"水足迹"这个概念诞生仅有十几年的历史。水利政策等已经有数千年的历史,但是与水足迹相关的政策只是处在讨论其可行性的阶段。

马静等(2006)的研究表明,1999 年我国丰水的南方通过粮食贸易从缺水的北方进口了 184 亿立方米的水资源,折射出我国国内农产品贸易中水资源战略的失衡。通过农产品国际贸易,国内 5 种主要粮食作物——水稻、小麦、玉米、大豆和高粱的进口水足迹值占全国总的水足迹消费值的 10%,包含在进口产品中的这部分水资源缓解了我国的农业缺水状况(田园宏,等,2013)。农产品的贸易改变了我国的水资源配置。但是,从另外一个方面来看,缺水的北方仍在出口水资源到丰水的南方,原因在于北方土地资源比南方丰富(Zhang, Anadon, 2014),所以不能只单独考虑水资源的因素而忽视其他自然资源禀赋进行国内的农产品贸易。同样的,受到国际粮食价格的影响,我国也不可能忽视价格因素大量进口在我国进行生产成本较低耗水量相对较高的粮食品种。所以,水足迹贸易战略是要综合考虑自然条件、社会条件、经济发展水平、生态环境建设以及机会成本、比较优势等综合因素(孙才志、陈丽新,2010)。

应当如何把上述设想落实,制定切实可行的农业水足迹贸易战略?尽管我国还没有这一类政策出现,但是相关研究正在开展。刘哲、李秉龙(2010)认为要将水足迹贸易战略推进到政策高度,首先需要把水足迹纳为同土地等生产要素同等级的一种要素,以便在农产品贸易中,能综合考虑水足迹与其他因素,达到资源配置的最优解。其次,建立第三方协议来促进水足迹贸易的可持续性。

综合梳理中国农业水资源政策的文献研究,作者发现,与本书研究相关的中国农业水资源政策目前还存在如下疏漏,可以作为今后改进的方向:

首先,农业水资源政策存在空白点。我国的农产品水足迹贸易政策现在还是一片空白,这不仅表明水足迹的计量还没有充分显现,而且表明在农产品贸易背后隐藏的水资源贸易还没有引起注意。水足迹政策制定后,为农业水资源的计量增添了一个工具,也能够促进我国的农业水量政策的实施。

第二,政策的制定还没有细化到能够执行的层面。例如农业科技政策的推广,从农业科技政策的研发,到推广所要达到的目标,再到评估推广的实施效果,都应该有详细的规定,增加政策的可操作性。政策的可操作性可以保证其执行的持续性,这样才能在农民心中提高政策的威信,促进政策的推行。

第三,政策评估方法的缺失。对比我国《水污染防治法》的制定和当前全国大多数河流被污染的现状,可以定性评价我国的农业水资源政策的执行力度,但是多数农业用水政策都缺少定量评估机制,致使其执行效果不佳。

2.1　2.2　2.3　2.4　**2.5**

2.5　文献研究述评

本章综述了此前的文献对农业水资源的研究工具、影响因素、管理手段的研究。水足迹和系统动力学可以作为研究农业水资源数量和影响因素的工具;城市化是影响农业水资源量的因素之一,它对农业水资源的影响是本书的原因分析的落脚点;农业水资源政策是解决水资源问题的管理手段。

首先,中国的农业实际用水量由灌溉水量和所利用的雨水量组成,随着水资源的稀缺程度的加剧,雨水的作用也将愈加明显。但是对于"有多少量的雨水被中国农业利用"这个问题此前一直少有研究。通过计算中国农业水足迹值,不仅能够明确每年的雨水使用量,而且也可以对每年公布的官方灌溉用水量统计数据,从农作物生长的角度进行核查。而对于中国大宗农产品的水足迹值的核算恰恰是此前研究的盲点之一。

第二,此前没有涉及的另外一个研究问题是:城市化浪潮有没有对中国农业用水造成影响,是以什么样的途径在影响中国农业用水?此前的文献定性描述了其污染、市场、人口变动等因素对中国农业用水的影响,但是没有进行定量论证,因此是此前研究存在的另外一个盲点。城市化使中国经济在 30 年中从温饱走向小康,研究城市化对农业用水的影响路径不仅能够从农业水资源的角度填补此前研究的一个空白,而且也是对中国城市化研究的一个补充。

第三,中国的农业水资源政策有很多定性的规定,但是并非每项政策的执行效果都理想。其原因之一在于缺乏政策的评估机制,即这些政策实施后会有什么样的结果。所以,有必要根据经济社会与环境资源的运行规律研发政策评估的理论工具。而运用系统论和反馈原理建立系统动力学模型,研究政策施行对中国农业用水的影响效果也是此前研究所没有涉及的。

因此,对中国农业用水总量的研究、城市化浪潮下中国农业用水量及其资源生产率影响因素的分析、未来的各项直接涉及农业水资源和间接影响农业水资源的政策会对农业用水产生的影响等有其研究的必要性。

查特斯等(2012)认为,要着手解决一个国家的水资源问题,明确这个国家每年的水资源的供应能力和水资源使用量是首先就要明确的。一个国家的用水量,不仅包括了该国的取水量,还应当包括加上商品的国际贸易即该国净进口或者减去净出口的水量。国外已经积极在筹建水足迹网络,来量化这种国际化背景下的水资源进出口量的数据统计,这对于频繁参与国际贸易的中国同样适用。由于本书主要研究农业用水,因此接下来将从测算农业水足迹的值开始着手定量研究。

第3章　中国主要粮食作物的水足迹值：1978—2010

　　中国的农业耗水量占全国耗水量的 60%，5 种主要粮食作物水稻、小麦、玉米、大豆和高粱的耗水量，约占全国用水总量的 30%。本章运用水足迹工具，测算了中国 1978—2010 年间的省级、国家生产和贸易的 5 种主要粮食作物的水足迹值，并分析了影响水足迹值改变的因素。

3.1　3.2　3.3　3.4　3.5

3.1　问题的提出

　　水足迹是指个人、企业或国家生产产品或者消费服务过程中消耗的水资源和为了稀释污染水达到排放标准所需要的水资源量的总和。它分为绿水、蓝水和灰水 3 种。蓝水足迹等于蒸发水、产品内蕴藏水分以及不能被重新利用回水量的总和，代表了作物生产中的地表水和地下水的消耗。绿水足迹指源于降水，未形成径流或未补充地下水，但储存在土壤或暂时留存在土壤或植被表面的水，最终这部分水通过作物的蒸发或植物蒸腾被消耗而在作物的生长过程中发挥作用。灰水足迹是为了稀释生产过程中产生的污水使其达到标准排放水质所需要的水资源数量。

　　蓝水和绿水之间的区别在于前者是从环境中直接取用，后者是通过吸收降雨获得。降雨中能够转化为地表水或者地下水的部分，与绿水无直接关系；降雨转化为地表水或者地下水并且在作物生长中发挥作用的部分，才是蓝水足迹。

　　水足迹从技术角度衡量水资源的使用效率，量化了全过程中产生的水污染；经过十几年的研究水足迹渐趋完善。它的优点在于首先能够度量产品尤其是农产品生产全过程的水资源消耗，弥补了此前农业使用水资源统计量无法反应农业水资源使用量的不足。其次，它可以将农产品生产过程中不同来源的水资源进行分类——来自地表或地下径流的水（蓝水）、来自降水中被蒸发蒸腾使用的水（绿水）和通过稀释生产过程中的废弃物使其达标排放而消耗的水资源(灰水),有利于在不同的环节提出有针对性的提高水资源生产率的策略。

当然水足迹工具也有自身的局限性,主要表现在如下两个方面:首先,有学者对将绿水和蓝水区分开来是否有必要,因为地表水和地下水是进行交换的,并且深层次的渗透对浅层和深层地下蓄水层也有贡献;其次,没有明显的证据表明蓝水一定比绿水的机会成本高(Wichelns,2010)。再次,灰水足迹的计算方法仍然不完善。计算方法难以统一、计算中所需要的数据来源也难以搜集,致使灰水的计算难以被贯彻。

此前的研究将注意力集中在欧洲、中东、北非、印度等国家的农产品水足迹研究上,针对中国的农产品尤其是粮食产品的水足迹研究非常少见。本章将水足迹工具应用在中国粮食产品耗水量的计算中,尝试对中国粮食产品水足迹值进行系统计算。

本章在详细介绍了计算中采用的方法和数据来源后,运用彭曼公式计算了全国各个省份和直辖市 1978—2010 年间的 5 种主要粮食作物——水稻、小麦、玉米、大豆和高粱的绿水和蓝水足迹值。计算结果发现,33 年间水足迹与人口、经济产出和土地等其他自然资源的综合使用效率提高;国内生产、国际贸易以及国家最终消费的水足迹总量仍在上升。对中国主要粮食作物水足迹值的系统计算,得出的计算结果能够为进一步探讨我国经济、产业和贸易发展对于水足迹的影响提供参考依据,为未来完善我国农业水足迹计算体系提供建议。

本书还需要改善的地方在于——由于受数据来源的限制,本研究未能收入灰水足迹的计算,忽略了稀释水污染达标排放对水资源量消耗的影响;其次,同样是受数据来源的限制,本研究将各省不同地区的气象数据值简单参照该省省会的气候参数,影响了计算结果进一步精确的可能性。

3.1 **3.2** 3.3 3.4 3.5

3.2 计算方法及数据描述性统计

3.2.1 计算的粮食作物和计算软件

3.2.1.1 计算的粮食作物

本章计算的 5 种主要粮食作物(水稻、小麦、玉米、大豆和高粱)的产量,占全部粮食作物产量的 92%,能够用比较少的粮食作物种类代表较大量的粮食产出,因此选择这 5

种粮食作物作为本部分的研究对象。灰水的计算需要收集稀释污水达标排放的数据，因缺乏官方公布的可靠数据，所以本章只得略去灰水足迹值的计算，仅计算绿水和蓝水足迹值。这5种粮食作物生长在全国23个省、4个直辖市和5个自治区内，受数据可得性的限制，本章的计算中不包括香港、台湾和澳门，计算的时间范围是1978年到2010年。

本章从最小的单位——单种植物的需水量开始计算。首先，运用彭曼公式计算出单种粮食作物的需水量，在此基础上得出某一种粮食作物单位质量的绿水和蓝水足迹值。随后，根据各省级行政区域内的粮食作物产量计算各省份的水足迹值，将上述数值加总即为国内生产粮食作物水足迹值；加上通过国际贸易所得到的粮食作物水足迹净值，两者之和即国内消费粮食产量的水足迹总量。

3.2.1.2　计算软件

本书采用FAO设计的ClimWat和CropWat软件计算农作物生长过程中的绿水和蓝水需要量。ClimWat能够提供CropWat计算所需要的城市气象数据，是计算过程的辅助软件；在这个软件中找到相应城市的气象站点，然后将数据导出，用主要软件CropWat读出来。CropWat是依据标准彭曼公式设计的，在本书中它可以算出如下3项：①生长周期内给定气候条件下的需水量；②生长周期内的有效降水量；③灌溉需水量。

3.2.2　水足迹值的计算方法

3.2.2.1　单位质量作物的水足迹值

单位质量作物绿水需要量 ET_{green} 在农作物生长过程中的蒸发蒸腾水量 ET_C 和有效降水量 P_{eff} 中取较小值。在理想种植条件下，粮食作物蒸发蒸腾水量 ET_C 等于单位质量作物需水量 CWR。

单位质量作物蓝水足迹 ET_{blue} 的数值由绿水足迹 ET_{green}、灌溉需水量 I_r 和有效灌溉供水量 I_{eff} 决定。灌溉需水量 I_r 是作物需水量 ET_C 与绿水足迹 ET_{green} 的差值；如果绿水足迹量能够满足作物生长所需，那么粮食作物不需要灌溉，蓝水足迹数为零；否则 ET_{blue} 在灌溉需水量 I_r 和有效灌溉供水量 I_{eff} 中取较小值。

$$ET_{green} = \min(ET_C, P_{eff}) \tag{3.1}$$

$$ET_C = CWR \tag{3.2}$$

$$I_C = ET_C - ET_{green} \tag{3.3}$$

$$ET_{blue} = \min(I_r, I_{eff}) \tag{3.4}$$

式中，ET_{green}、ET_C、CWR、P_{eff}、I_r、ET_{blue} 和 I_{eff} 代表单位质量作物绿水足迹(m^3/t)、农作物生长过程中的蒸发蒸腾水量(m^3/t)、作物单位质量需水量(m^3/t)、有效降水量(m^3/t)、灌溉蓄水量(m^3/t)、单位质量作物蓝水足(m^3/t)和有效灌溉供水量(m^3/t)。

3.2.2.2 单位质量粮食作物需水量计算

本书计算理想种植条件下的粮食作物绿水和蓝水需要量。粮食作物的理想种植条件是指在粮食作物生长的过程中降水和灌溉供水之和能够满足作物生长所需，因此作物的生长不会因为水资源供应而受影响。在此条件下将进行单位质量粮食作物水足迹值的计算。

区域 n 内作物 c 的单位质量需水量 CWR 等于区域 n 内作物 c 的单位面积需水量 CWU 与区域 n 内作物 c 的单位面积产量 CY 之比。种植单位面积作物的需水量 CWU 等于生长周期内的蒸发累积数量 ET 的 10 倍——由于 CropWat 软件中得出的作物需水量单位为 mm，因此将其乘以倍数 10 将单位转换为 m^3/ha。作物系数 K_c 与参考作物蒸发蒸腾水量的乘积 ET_0 即蒸发蒸腾系数 ET，在这里作物系数 K_c 反应粮食作物本身的生物特性(如叶面积、蜡质层、产量水平、土壤、栽培条件)对需水量的影响。

$$CWR = CWU/CY \tag{3.5}$$

$$CWU = 10 \times \sum_{d=1}^{lgp} ET \tag{3.6}$$

$$ET = K_C \times ET_0 \tag{3.7}$$

式中，CWU、CY、ET、K_c 和 ET_0 分别表示单位面积需水量(m^3/ha)、单位面积产量(t/ha)、蒸发蒸腾系数(mm/d)、作物系数和参考作物蒸发蒸腾水量(mm/d)。

参考作物蒸发蒸腾水量 ET_0 需要用标准彭曼公式求解，该公式由联合国粮农组织(FAO)推荐并修正。它忽略了作物类型、作物发育和管理措施等因素，仅考虑气象参数对农作物需水量的影响。

$$ET_0 = \frac{0.408\Delta(R_n - G) + \gamma\dfrac{900}{T+273}V_2(p_a - p_d)}{\Delta + \gamma(1 + 0.34V_2)} \tag{3.8}$$

式中，$R_n = net\ radiation\ at\ the\ crop\ surface$ ($MJ \cdot m^{-2} \cdot d$) 地面净辐射蒸发当量；

$G = soil\ heat\ flux$ ($MJ \cdot m^{-2} \cdot d$) 土壤热通量；

$\gamma = psychometric\ constant$ ($kPa \cdot ℃^{-1}$) 温度计常数；

$T = average\ air\ temperature$ (℃) 平均气温；

$V_2 = wind\ speed\ measured\ at\ 2m\ height$ (ms^{-1}) 两米高的风速；

$p_a = saturation\ vapor\ pressure$ (kPa) 饱和水气压；

$p_d = actual\ vapor\ pressure$ (kPa) 实际水气压；

$p_a - p_d = vapor\ pressure\ deficit$ (kPa) 饱和水气压与实际水气压；

$\Delta = slope\ of\ the\ vapor\ pressure\ curve$ (kPa · ℃$^{-1}$) 温度－饱和水气压曲线的斜率。

3.2.2.3 国家生产和国家消费粮食的水足迹

(1) 国家生产粮食作物的水足迹

各个省份或者直辖市一年内绿水和蓝水足迹之和是该年份的国内生产水足迹总量。计算对象是水稻、小麦、玉米、大豆和高粱 5 种主要的粮食作物水足迹值。计算地理范围包括除去台湾、香港和澳门之外的 31 个省、自治区和直辖市。

$$WF_p^j = \sum_{i=1}^{n} C_i \times ET_i\,(i = 1, 2, 3 \cdots 5) \tag{3.9}$$

式中，WF_p^j、C_i 和 ET_i 分别代表某一省(区)或者直辖市 5 种主要粮食作物的绿水或蓝水足迹总量(m³)、某省份一种粮食作物年产量(t)、某省份某种粮食作物单位水足迹值(m³/t)。

$$WF_p = \sum_{j=1}^{n} WF_p^j\,(j = 1, 2, 3 \cdots 31) \tag{3.10}$$

WF_p 代表 31 个省级行政单位加总后的绿水或者蓝水数量(m³)。

(2) 国家消费粮食水足迹

一国通过粮食进出口贸易与其他国家进行水足迹的交换，其进口水足迹总量减去出口水足迹总量，即为一个国家粮食贸易的进口水足迹净值。进口粮食产品单位水足迹取国际平均值，出口粮食产品水足迹值采用公式(3.1)～式(3.8)中的计算值。进出口的粮食产品数量是原生粮食作物的数量，不包括加工产品。

$$WF_C = WF_p + VW_N \tag{3.11}$$

$$VW_N = VW_I - VW_E \tag{3.12}$$

$$VW_I = ET_{average} \times Q_I \tag{3.13}$$

$$VW_E = ET_{green/blue} \times Q_E \tag{3.14}$$

式中，WF_P、VW_N、VW_I、VW_E、$ET_{average}$、Q_I、$ET_{green/blue}$ 和 Q_E 分别代表全国生产粮食作物水足迹值(m³)、水足迹贸易净值(m³)、进口粮食作物水足迹值(m³)、出口粮食作物水足迹值(m³)、粮食作物国际平均水足迹值(m³/t)、进口粮食产品数量(t)、国内平均绿水或蓝水足迹值(m³)和出口粮食产品数量(t)。

3.2.3　数据来源及统计

3.2.3.1　数据来源

本书计算中的各个气象站点的气象数据——最低和最高温度、湿度、风速、光照时间、辐射强度、参考作物蒸发蒸腾水量、每月降雨量和每月有效降雨量等来自FAO的软件ClimWat。作物数据信息参考Allen的文章同时结合本地作物实际生长信息。土壤结合当地土壤类型从FAO全球数据库中找到与此类型对应的土壤信息(FAO)。农作物根茎长度、临界损耗水平以及产出影响因素,从FAO全球数据库中查找。除青海省外,各省份气象和作物生长数据以该省省会为准;青海省省会西宁市的数据在ClimWat软件中没有列出,选取都兰市作为代表城市。

各个省份以及直辖市中粮食作物年产量、单位面积产量数据,中国粮食作物总产量和单位面积产量源于《中国农业统计资料》《改革开放三十年农业统计资料汇编》《中国粮食统计年鉴》和各省统计年鉴。中国粮食产品贸易量源自FAO数据库和《中国农产品商品年鉴》。

3.2.3.2　数据描述性统计

(1) 国内数据

在中国,水稻、小麦和玉米是产量居于前3位的粮食作物;为了扩大研究范围,本书选取水稻、小麦、玉米、大豆和高粱5种粮食作物作为研究对象,它们是我国主要的粮食作物,其产量总和在粮食作物总产量中的占比在92%以上。选取这5种粮食作物水足迹作为中国粮食作物水足迹的研究对象,其数据具有概括性,既能够尽可能大范围地代表中国粮食作物的总体值,又避免了计算更多种粮食作物的状况可能造成的繁琐。图3-1是这5种粮食作物1978—2010年间的国内产量值。

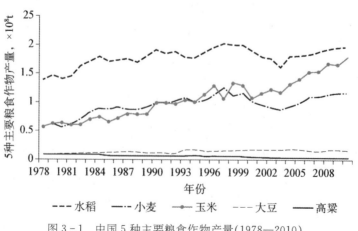

图3-1　中国5种主要粮食作物产量(1978—2010)

1978—2010 年间,水稻年平均产量 1.77×10^8 t;产量最高值是 1997 年的 2.00×10^8 t,最低值是 1978 年的 1.37×10^8 t。小麦年平均产量 9.35×10^7 t;最高产量出现在 1997 年的 1.23×10^8 t,最低值是 1978 年的 5.38×10^7 t。玉米年平均产量 1.04×10^8 t;最高产量出现在 2010 年的 1.77×10^8 t,最低值是 1978 年的 5.59×10^7 t。大豆年平均产量 1.27×10^7 t;最高产量出现在 2004 年的 1.74×10^7 t,最低值是 1979 年的 7.46×10^6 t。高粱年平均产量 3.01×10^5 t;最高产量出现在 1998 年,为 4.09×10^6 t,最低值是 2009 年的 1.68×10^6 t。

(2) 进出口数据

1978—2010 年间中国主要粮食作物水稻、小麦、玉米、大豆和高粱的进口数量减去出口数量的差值即其净进口数量,这 5 种粮食作物年均净进口数量依次为 -9.00×10^5 t、7.03×10^6 t、4.65×10^5 t、1.09×10^7 t 和 6.97×10^4 t。其中水稻平均每年出口 1.30×10^6 t,进口 4.00×10^5 t;小麦平均每年出口 4.89×10^5 t,进口 7.52×10^6 t;玉米平均每年出口 4.42×10^6 t,进口 4.89×10^6 t;大豆平均每年出口 5.32×10^5 t,进口 1.14×10^7 t;高粱平均每年出口 1.67×10^5 t,进口 2.40×10^5 t。根据净进口数据作图 3-2。

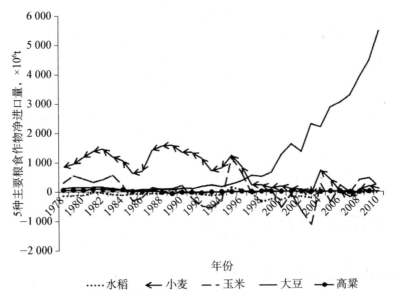

图 3-2 中国 5 种主要粮食作物净进口数量(1978—2010)

从总体趋势上看,大豆在 5 种主要粮食作物中是唯一一个净进口数量稳中有升的粮食种类,1998 年之后的增长速度更是快速增长,至 2010 年已经成为进口量最大的粮食作物种类。玉米一直在净进口和净出口的零刻度线上下徘徊,2007 年之后净进口逐渐成为常态。水稻的贸易量在 2003 年之前基本以净出口为常态,但是 2003 年之后也逐步转向以净进口为主,尽管净进口的数量还不是很多。小麦在 1996 年之前大量依赖进口,但是近年来也基本能够自足,净进口数量接近零刻度线。高粱的贸易数量不多而且进出口量基本持平,所以高粱的贸易线与横坐标的零刻度线基本重叠。

加总国内生产和国际净进口 5 种主要粮食作物量,得到每年的 5 种粮食作物国内消费量。可以看到 5 种主要粮食作物虽然在 1999—2003 年间略微下降,但是 1978—2010年间总体呈现增量状态,2010 年比 1978 年增加 69％(图 3 - 3)。

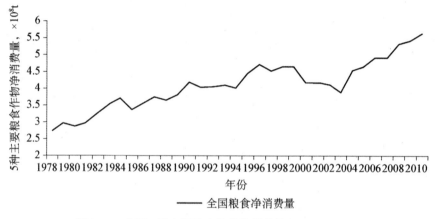

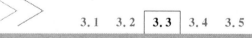

图 3 - 3　中国 5 种主要粮食作物净消费量(1978—2010)

3.1　3.2　**3.3**　3.4　3.5

3.3　不同范围内的水足迹值计算

3.3.1　全国层面水足迹总消费量

我国是世界粮食第一大生产国,却是粮食净进口国家而非粮食出口国;随同粮食进口到我国的还有其他国家的水资源。由图 3 - 4 可以看出,我国自改革开放以来,一直在进口粮食生产中的水资源。

在 2003 年之后,5 种粮食产品的净进口水足迹数值增幅攀升;我国进口粮食水足迹

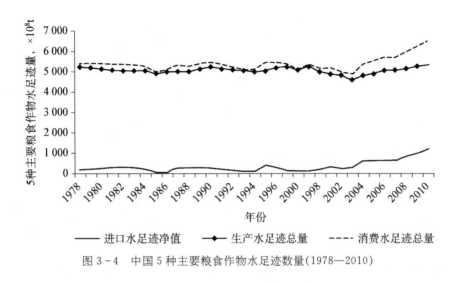

图 3 - 4　中国 5 种主要粮食作物水足迹数量(1978—2010)

在水足迹消耗总量中的占比从 1978 年的 1.67％增至 9.06％,总量从 $1.78×10^9$ t 增加至 $1.18×10^{10}$ t。其直接原因是"入世"之后我国从其他国家进口了大量粮食产品,我国粮食市场对国际粮食市场的依赖程度增加。同时"入世"后工业生产以及出口贸易的发展也促使国内生产越来越多的粮食,因此我国国内粮食生产所消耗的水足迹以及最终消费的粮食产品水足迹同期增长。

但是进口粮食水足迹值的增加带来的一种现象就是,单纯研究国内生产用水不能反映国内真实的水资源消耗状况。这个时候就难以找到影响本土用水量的影响因素,这种情况将在之后研究城市化和本土农业用水消耗量的关系时得到体现。

1996—2010 年的 15 年间,我国粮食作物水足迹总量曾出现两次明显的波谷值,第 1 次是 1998 年,当时爆发的大洪水袭击了东北、华北、长江流域和珠江流域,使国内粮食生产受损、进口贸易受影响,这一年进口水足迹净值、生产水足迹总量和消费水足迹总量比上年减少29.24％、4.09％和4.69％。第 2 次是 2003 年,"非典"公共卫生事件使粮食生产受挫,国内生产水足迹值下降了4.40％。

3.3.2　国内生产水足迹值

3.3.2.1　各省份水足迹值

在粮食作物的生产中,绿水来自降水,而蓝水则是地下或者地表水资源,蓝水的可再生性弱于绿水;因此考察 33 年间各省份水足迹数量时,以年平均蓝水足迹升序排列各省份作图 3 - 5,以期反应粮食生产中雨水和灌溉用水两类水资源的使用状况。

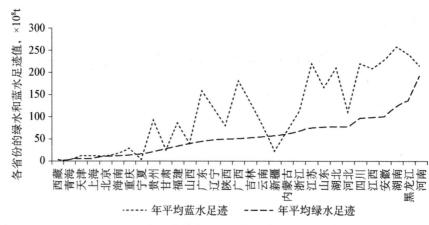

图 3 - 5　各省份 5 种主要粮食作物绿水和蓝水平均足迹(1978—2010)

结果表明,除了宁夏和新疆两个省份之外,各个地区的年均绿水普遍高于蓝水数量,说明降水是粮食种植依赖的重要水资源来源。图中蓝水足迹消耗后 10 位的地区中绿水足迹也低,表明这些地区中的水足迹值取决于粮食产量。而在蓝水消耗量居前 10 位的省份中,有 3 个省份位于缺水的华北平原,分别是山东、河北和河南,各地区年平均绿水足迹曲线在这 3 个省份中出现了明显的拐点,表明这其绿水足迹显著低于消耗同等数量蓝水足迹的地区;这些地区中降水量少,并且地下水储量不丰富,之所以其绿水以及蓝水总量居于前列,其原因在于粮食产量大。这意味着这 3 个省份在消耗自身并不丰富的灌溉水资源来满足粮食生产的需要。在华北平原土地资源数量基本稳定的前提下,未来水资源才是制约这一地区粮食生产的主要因素。

3.3.2.2　单位产量的水足迹值

在此期间,中国 5 种主要粮食作物中每一种单位粮食产量的蓝水足迹平均值减少,水资源生产率提高。如图 3 - 6 所示,小麦蓝水足迹降幅最高,约 59%,其他 4 种粮食作物水足迹降幅约为 30%。单位产量的小麦绿水足迹同期下降;水稻、小麦、玉米、大豆和高粱的降幅分别为 41.90%、58.71%、48.17%、43.76% 和 50.91%。国内粮食单位产量的水足迹数量减少;而图 3 - 4 所示的国内生产消耗的水足迹总量基本持平并且略微增长,2010 年比 1978 年增长了 2.01%。其原因在于粮食产量的增加,在此期间 5 种主要粮食作物总产量,从 1978 年的 2.54×10^8 t 增加到 2010 年的 5.06×10^8 t,增幅为 98.89%,几乎翻了一番。粮食产量的增加抵消了水资源生产率提高对于减少水资源使用量的贡献。

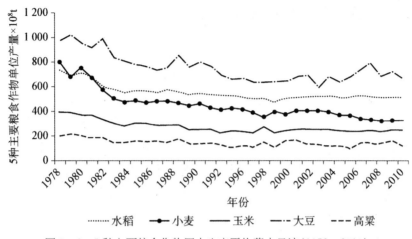

图 3-6　5 种主要粮食作物国内生产平均蓝水足迹(1978—2010)

3.3.2.3　国内生产中绿水与蓝水足迹的比例

从图 3-7 中可以看出,5 种主要粮食作物的绿水足迹与蓝水足迹之比在 2 上下浮动,意味着粮食生产中约有 2/3 的水资源来自雨水,1/3 的水资源来自灌溉,雨水对满足作物用水需求有重要的作用。但是从总体上看,1978—2010 年间我国 5 种主要粮食作物的雨水利用比例呈现下降的趋势,其原因在于我国的灌溉设施的改善增加了灌溉水资源的供应量,从另外一个方面也反映了我国粮食种植中的雨水利用技术没有得到同等速度的提升。

图 3-7　5 种主要粮食作物国内生产绿水与蓝水足迹之比(1978—2010)

3.3.3　国际贸易绿水和蓝水足迹比例

$$\frac{WF_{T,g}}{WF_{N,g}}\bigg/\frac{WF_{T,b}}{WF_{N,b}} \qquad (3.15)$$

式中，$WF_{T,g}$、$WF_{T,b}$、$WF_{N,g}$ 和 $WF_{N,b}$ 分别代表进出口粮食产品中绿水和蓝水净值；$WF_{N,g}$ 和 $WF_{N,b}$ 分别代表全国粮食净消费量中绿水和蓝水净值。式(3.15)表示首先求出本年度粮食作物中进口绿水在中国消费绿水净值中的比例，同时求出蓝水的这一项比例；然后将两个比值求比，可以看到绿水的比例在蓝水的 2 倍以上，即在粮食贸易中进口绿水占比高于蓝水。

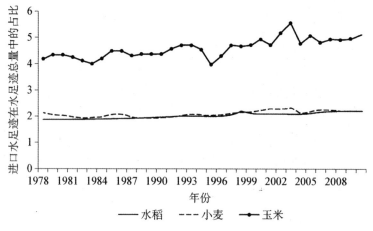

图 3-8　进口绿水与蓝水净值在总耗水量占比中的比值(1978—2010)

　　图 3-8 显示，进口量位居前 3 位的粮食产品——水稻、小麦和玉米绿水占比高于蓝水，并且该比例高于同类国内粮食产品的比值；可以推测通过对外贸易，我国与其他国家将水资源重新分配，最终的贸易产品中各个国家出口了本国降雨而没有将本国宝贵的地下水资源同比例出口，因此在此过程中水资源以粮食为载体出口到了中国等国家，避免了在中国生产同等数量的粮食作物但是消耗更大量的地下水资源的情况，水资源得到了优化配置。

3.4　水足迹增长的影响

3.4.1　水足迹与耕地面积、人口和农业 GDP 的比值

3.4.1.1　单位耕地面积上的水足迹值

1978 年到 2010 年 33 年间我国单位土地面积的粮食作物数量在增加,而单位粮食产量所需要的水足迹值在减少。以产量最高的水稻为例,1978 年和 2010 年的水稻单位面积产量和水稻单位产量的水足迹值分别为 3 798.10m³/ha 和 2 064.37m³/ha、6 553.00t/ha 和 1 288.61m³/ha。33 年间其水足迹值降低了 37.58%,单产提高了 72.53%;两者散点图的斜率为负。

3.4.1.2　人均水足迹值

在此期间,我国人均消费的粮食作物绿水和蓝水足迹先是缓慢下降,2003 年的人均数量最低,人均绿水、蓝水和水足迹总量分别为 256.83m³/人、121.27m³/人和 378.1m³/人,比 1978 年降低了 32.27%、33.67% 和 32.72%;人均蓝水足迹为绿水足迹的 47.21%。而从 2003 年起,我国人均水足迹值持续攀升,2010 年比 2003 年上升了 28.5%,达 485.89m³/人,其中人均绿水足迹 340.45m³/人、人均蓝水足迹 145.44m³/人。2003 年之前的人均水足迹减少的原因与水资源生产率的提高关系密切;而其后的人均水足迹的增加可以归因为粮食消费量的增速加快以及人口增长率的放缓。

3.4.1.3　单位水足迹的农业 GDP 产出

1978—2010 年间各年份单位水足迹的农业 GDP 产出即水足迹的资源生产率持续增加,2010 年创造单位体积的水足迹创造的农业经济增加额,比 1978 年提高了 36.27 倍。这里的农业 GDP 值是以 1978 年为基年,其余各年的农业 GDP 值除以前一年的 CPI 得到的,因此消除了通货膨胀的影响。这表明 5 种粮食作物水足迹生产率逐步提升,并且效果显著(图 3 - 9)。

3.4.2　水足迹增长与地区水稀缺

从区域角度看,作为粮食主产区,华北地区降水量少但是蓝水消耗量大,水足迹值高于其他区域。长三角和珠三角粮食作物的种植获益于丰沛的降水,因此绿水足迹线到达这两个区域内的省份或者直辖市时会出现明显的波峰值,表明绿水足迹在总量中的比例相对其他区域更高;但是该区域内的粮食种植相对于工业和服务业比重较低,因此其水足迹总量没有排在全国前列。西部部分省份降雨丰沛,绿水足迹值高,粮食生产量大,因

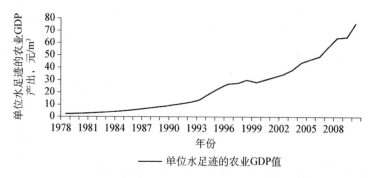

图 3-9　单位水足迹值的农业 GDP 值(1978—2010)

此水足迹总量也大,例如四川、江西等;而有些省份比如西藏、新疆土地粮食生产率低,种植量少因此水足迹总量也不高。而如果将 33 年间每年各省份 5 种主要粮食作物的蓝水消耗量比上绿水消耗量,就更直观地看出中国地区间用水的配置不合理(图 3-10)。蓝水代表灌溉水量,绿水代表有效降雨量,所以南方种植植物消耗的蓝水量要比北方少很多,但是华北、东北等是我国的粮食主产区,虽然种植粮食平均需要的灌溉水量更多,却仍然大量抽取地下水满足粮食种植的需要。

从全国角度看,中国的粮食主产区在东北、黄淮海和长江中下游流域的 3 个区,共 11 个省;它们分别是东北的辽宁、吉林、黑龙江;黄淮海的河北、山东、河南;长江中下游的江苏、安徽、江西、湖南和湖北(侯立军,2009)。在这些产粮区中,生产水稻所需要的绿水与蓝水足迹之比除了江西、湖北和湖南接近 2 比 1,江苏约为 1.6 比 1 之外,其他 8 个省份的比例均只有大约 1 比 1;在河南、河北等省份甚至只有 0.5 比 1。这意味着这些地区水稻的生产主要依靠灌溉用水。东北和华北产量省份生产小麦的绿水和蓝水足迹的比值也在 2 以下,预示着这些省份小麦的增产会增加灌溉用水的压力。而水资源禀赋不高的地区粮食产量的增加,也是将全国 5 种主要粮食作物的生产中绿水和蓝水足迹的比例拉低的原因(图 3-10)。

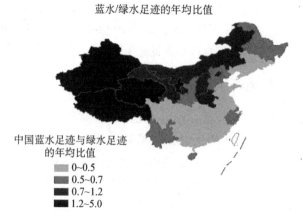

图 3-10　中国各省份 5 种主要粮食作物的蓝水与绿水消耗量之比(1978—2010)

总之,粮食总产量的增加以及粮食种植向地下水资源并不丰富的地区的集聚,使中国5种主要粮食作物的生产带给水资源的压力增加了。

1978—2010年间中国的5种主要粮食作物水足迹效率——单位土地面积上消耗的水足迹值和人均水足迹值都在减少,同时水足迹的生产率在增加,表明这部分的水足迹使用效率在提高。但是水足迹使用效率的提高却没能带来水足迹总量的减少,在此期间我国的国内生产和国际贸易净进口水足迹值都呈现增长的趋势(图3-4)。在此期间,我国的粮食消费量(国内粮食总产量与国际贸易粮食净进口量的加总)增加了69%(图3-3)。5种主要粮食作物产量和进口量的增加,可以作为解释水足迹总量上升的一个原因。粮食总产量的增加反映了我国对粮食的迫切需求,而为了满足这种需求,我国在水资源缺乏的北方地区持续增加粮食产量(图3-5),加剧了东北和华北的水资源稀缺,从而使在全国范围内这5种粮食作物的生产增加了对灌溉用水的依赖。

不断增加的粮食需求量也加剧了我国对粮食进口的依赖。如1978—2010年间我国的大豆进口量在国内大豆消费总量中的占比从12.04%提升到了78.37%。尽管进口的粮食作物中绿水足迹含量高,优化了世界水资源配置(图3-8);但是对进口粮食的依赖也会使我国的粮食安全较易受国际粮食市场的波动。

3.4.3 城市化与粮食需求量

是什么原因推动了居民人均消费量的增加?又是什么原因促使其他行业也增加了对粮食的需求?1978—2010年间,中国城市人口比率从不足20%增加到约50%,大量人口从农村迁移到城市,饮食结构从以基本口粮为主的温饱需求变化为粮食、食用油、肉禽蛋、食糖以及副食品等多样化的饮食方式,人均粮食需求量增加。同时,伴随着城市化的发展,中国的工业化也迅速发展,酿酒造醋、化工制药、制作调味品、淀粉及加工食品等工业用粮需求量增大。据统计,仅1995—2005年的10年间,中国工业用粮量就从3 800万t增加到5 335万t,增幅达40%(冷淞,2008)。而本书所选取的5种主要粮食作物中,水稻、玉米和大豆是工业用量的主粮,在城市化的发展中尤其重要。反过来说,城市化也增加了对本书所研究的粮食作物的数量需求。

粮食生产的耗水量在我国农业耗水总量中占比约80%,5种主要粮食作物的耗水量约占粮食生产耗水总量的90%,因此5种主要粮食作物耗水量约占农业耗水量的72%。我们选取的这5种主要粮食作物也是城市化过程中使用量最大的粮食品种,因此在必要的范围内最大化地代表了中国农业用水量。因此,我们初步假定,城市化增加了粮食需求量并因此影响了中国农业用水量,在接下来的一章中,我们将检验这一假设,以便将本章的研究向前推进一步。

下一章将选择检验城市化与农业用水之间的关系而不是城市化与粮食种植用水量之间的关系,其原因有两个。首先,农业灌溉用水量是官方公布的统计数据,但是粮食种植中的灌溉用水量没有官方统计数据。本章研究的是粮食种植的理论耗水量,包括理论灌溉用水量——即蓝水足迹和理论雨水消耗量——即绿水足迹。水足迹的计算是为了明确粮食种植过程中不同种类粮食的耗水量,以及通过粮食进出口贸易获得的水资源量等,同时为其他农产品的相关研究提供示范。但是本章所得到的水足迹值并非实际耗水量。

其次,城市化过程除了增加了粮食消耗之外,还增加了对其他农产品的需求,意味着城市化不仅影响单一的粮食作物的用水需求,也会对农业用水总量产生一定的影响。因此,在数据可获得的情况下,研究城市化对农业用水的影响有合理性和可行性。

3.1　3.2　3.3　3.4　**3.5**

3.5　结论与讨论

本章最重要的发现有两点:

第一,1978—2010年我国5种主要粮食作物国内生产水足迹值略微上升,2010年比1978年增长了2.01%。5种主要粮食作物的消费水足迹总量增长了20.43%。所以,国内粮食作物水足迹的生产量,可能与国内粮食作物水足迹的消费量数值相差甚远,因此如果选取国内农业用水量来考察城市化对农业用水量的影响,其结果可能并不显著。

第二,1978—2010年我国5种主要粮食作物的水足迹生产率显著提升,提高了36.27倍。农业产值的提升是其水足迹生产率提高的最主要原因,考虑到城市化对全国经济的全面促进作用,城市化对农业水资源生产率的影响可能是显著的。

第4章 城市化对农业用水资源生产率的驱动机制研究

本章探讨城市化对中国用水的影响。首先初步检验了城市化与中国农业用水量、城市化与农业水资源生产率的相关性,结果发现中国的城市化对农业用水量影响不显著,但是与农业水资源生产率正相关。所以,本章以城市化对农业水资源生产率的影响作为研究对象。运用全国面板数据进行回归,结果表明,相对于城市化率的变动,农业水资源生产率在更大程度上受城市污水处理率变动的影响,并且在地区异质性检验中发现,这种影响随着城市化程度的加大而愈加明显。表明城市化主要是通过合理利用城市中的水资源而非增加城市人口比例来驱动农业水资源生产率的变化。这一发现为城市化进程中如何采取有效策略尽量减少对农业用水的负面作用,增强正向作用提供了启示。

4.1 4.2 4.3 4.4

4.1 问题的提出

针对中国应当如何走城市化道路的议题存在争论,一种观点是城市发展有优先权,另外一种是应当城乡共同发展。党的"十八大"提出了走新型城镇化道路的任务,强调中国的城市和农村要一体化发展。所以尽管目前中国仍处在优先发展城市经济的状态中,但是要求城市反哺农村、工业反哺农业的呼声也日益高涨,定性研究城市化对农业用水的影响是尝试探索城市反哺农村的路径。

此前已有研究认为城市化对农业用水有影响,但是这些都是定性描述,缺少定量论证。定量分析城市化对农业用水的作用并厘清作用机理,是减少城市化对农业用水负向作用的第一步。本书选取城市化率和城市污水处理率两项指标来反映城市化进程带来的社会和环境变迁;选取农业用水量和农业水资源生产率来代表农业用水的变动。

中国快速的城市化进程带来的城市经济发展和人口增长,都需要更多的水资源供应来支撑。城市水紧缺已经成为与城市水环境污染和城市洪水灾害并列的中国城市的三大水问题之一。为了缓解城市水紧缺,农业用水经常要为工业、服务业和其他市政用水让路。城市化率的提升可以表征城市化进程,因此我们提出本章待检验的第 1 个假设:城市化率的提高对农业用水(用农业用水量和农业水资源生产率 2 项指标来度量)有影响。

城市经济发展和居民生活用水相对于农业的优先用水权、未经处理的城市污水向农村的排放都可能降低农业用水的效率。但是城市也为农产品提供了市场,使农产品能够及时出售,提高农产品价值,从而使农业用水的资源生产率得以提升。因此我们提出了第 2 个假设:城市污水处理率与农业用水(用农业用水量和农业水资源生产率两项指标来度量)有相关性。

4.1 **4.2** 4.3 4.4

4.2 城市化和农业用水的若干特征

4.2.1 城市化率的特征

2004 至 2010 年期间,中国城镇人口从 5.4 亿人增加到 6.7 亿人,约有 1.3 亿人从农村进入了城市生活,这些人口相当于 2010 年欧洲总人口的 30%、2010 年美国总人口的 40%。

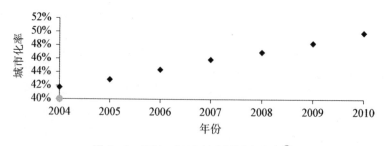

图 4-1　2004—2010 年中国城市化率[①]

我国不同地区的资源禀赋、发展的历史积淀和经济基础的差别以及区域发展战略定位的不同,导致了城市化速度的地区差异;城市数量和城市人口密度都呈现出东密西疏

---

① 数据来源:2005—2011 各年《中国统计年鉴》。

的格局。东部地区有北京、上海、天津、广州等大城市,在我国的政治、经济和文化发展中地位重要,城市化进程受到了政策的倾斜支持,2010 年平均城市化率已达到 80%。此外,东部地区还有资源密集型工业区,如黑龙江、吉林和辽宁,以及东部沿海开放省份如浙江、福建、广东等,受惠于当地的资源禀赋和开放政策,城市化进程也得到快速发展。而中西部地区的省份经济发展后劲不足、资源禀赋缺乏而且人口基数大,致使其城市化进程落后于东部。最终东、中、西 3 个地区呈现阶梯形递进的城市化节奏,并出现阶梯状的城市化率分布。2010 年东部地区的城市化率均值在 60%,中部地区是 50%,西部地区是 40%。

4.2.2 城市污水处理率的特征

不断涌入城市的人口对城市市政公用设施的处理能力形成了巨大挑战,就城市的生活污水排放来看,从 2004 年的 $2.61 \times 10^{11} \, m^3$ 急剧上升至 2010 年的 $3.80 \times 10^{11} \, m^3$,排放量增加了 45.60%。尽管市政能力的提高增加了污水处理率,2004 到 2010 年间城市污水处理率从不足 50% 提高至 82.3%(图 4 - 2),但是 2010 年中国仍然有大约 20% 的城市污水未经处理排入了周边的农村。随着污水排放数总量的增加,这部分废水对农业生产的负面影响将增大。因此,2014 年颁布的《国家新城镇规划 2014—2020 年》计划 2020 年时将县城污水处理率提高到 85%,重点镇达到 70%,城市建成区内城市污水全部达标排放。

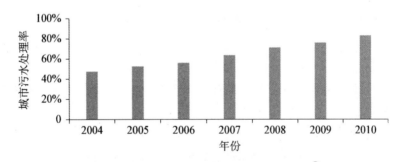

图 4 - 2　2004—2010 年中国城市污水处理率[①]

城市的污水处理率呈现了区域差异,西部省份和中部部分省份低于全国平均值,此外东北地区的城市污水处理率也比全国平均值要低。城市污水处理率的提高与污水排放量、污水处理设施和环保理念有关。具体措施有降低地区产业中污染型企业的比例、

① 数据来源:2005—2011 各年《中国第三产业统计年鉴》。

引入污水处理设施等。欠发达地区从污染型到清洁型企业的转型需要资金的支持;同时城市污水处理费用很大,污水处理的资金常处于短缺状态,经济欠发达地区因而在城市污水处理中处于弱势状态。水资源是否稀缺也可能是影响城市污水处理率的原因,比如海南的城市污水处理率居全国末位,2010 年仅有 54.87%,部分原因是由于这一地区水资源丰富;而对于水资源本来就非常稀缺的大城市,污水的回用是节约城市水资源的重要手段,因此也促进了该地区城市污水纳管率和处理率的升高。

4.2.3 农业用水量的特征

2004 年到 2010 年中国农业用水总量缓慢下降,在用水总量中的占比从 64.52% 下降到了 61.56%。2010 年中国农业用水总量为 $3.69 \times 10^{12} \, \mathrm{m}^3$(图 4 - 3)。

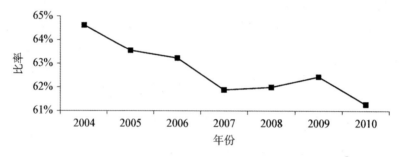

图 4 - 3   2004—2010 年中国农业用水在总用水量中的占比[1]

不同地区农业耗水量的差异,很大程度上是由地区农业规模的不同决定的,因此 2010 年农业大省如华北、东北地区的山东、内蒙古等省份,农业用水量在耗水总量中的占比达到了大约 70%;而工业和服务业比较发达的南方省份如浙江、广东等,农业耗水比例仅占约 50%;北京、上海和重庆等直辖市工业和服务业以及居民生活对水资源的需求量很大,其农业耗水比例相应的更是低于 30%。

因此,考量农业耗水不应仅仅衡量其耗水总量,还应考察其单位面积耕地的耗水量、单位粮食产出的耗水量,以及单位耗水量的经济产出等方面。在本书中我们在农业用水量之外,加入了农业水资源生产率作为另外一个因变量。

4.2.4 农业水资源生产率的特征

2004—2010 年间全国的农业用水经济产出逐步增加,单位体积的农业用水的经济产

---

①   数据来源:2005—2011 各年《中国第三产业统计年鉴》。

出从5.06元/m³增加到10.99元/m³。不同省份的农业用水经济产出存在差异,农业比较发达的地区如华北地区水资源相对紧张,但是由于长期的农业种植经验的帮助,这个地区单位农业用水的经济产出远远高于农业欠发达地区的省份如西藏、青海、宁夏等。但是我们不能认为发达的农业是农业用水经济产出高的唯一原因,因为在雨量丰富的南方地区,仅需要较少的灌溉用水就能完成粮食种植,因此重庆、湖南、四川等南方省份都是农业水资源经济产出高的省份(图4-4)。

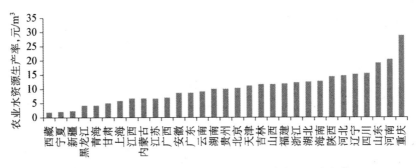

图4-4 2010年中国各省份区域内农业水资源生产率[1]

4.2.5 城市化与农业水资源生产率的特征

根据2004—2010年的城市化率与中国农业用水的经济产出数据作图4-5,如图中所示,城市化率与中国农业水资源生产率之间存在正相关关系。下面利用全国30个省级行政单位的面板数据,建立计量模型,运用面板数据回归中的固定效应量化,以进一步估算城市化率、城市污水处理率与中国农业用水量、中国农业水资源生产率之间的关系。

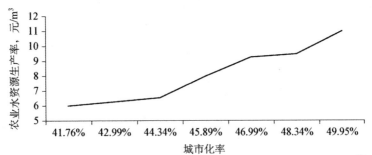

图4-5 2004—2010年中国城市化率与单位农业水资源生产率关系图[2]

① 数据来源:2011年《中国统计年鉴》。农业水资源生产率指单位农业用水的经济产出(元/m³)。
② 数据来源:2004—2011年《中国统计年鉴》和《中国第三产业统计年鉴》。

4.3　模型的建立及检验结果

4.3.1　模型的建立

4.3.1.1　城市化与农业用水量及农业水资源生产率关系的预估计

本书首先建立如下模型,分别初步分析城市化率、城市污水处理率对农业用水量、农业用水资源生产率的作用:

$$y_{it} = \alpha + \beta_l x_{it} + \varepsilon_{it} \tag{4.1}$$

式中,y_{it}代表省份i在年份t的农业水资源的经济产出;x_{it}代表省份i在年份t的人口数量,省份i在年份t的城市化率,省份i在年份t的城市污水排放量和省份i在年份t的城市污水处理率;α是回归方程的截距;β_l是城市人口、城市化率、城市污水量和城市污水处理率与农业用水量或者农业水资源生产率的相关系数;ε_{it}是估计残差。

表4-1　反映城市化进程的指标与反应农业用水指标相关性的初步验证结果[①]

	农业用水量	GDP/用水量(农业)	样本容量
城市人口量	0.017 6 (1.09)	0.002 79*** (6.43)	210
城市化率	0.024 1 (0.36)	0.106*** (6.13)	248
城市污水量	−0.000 002 20 (−0.05)	0.000 033 0* (2.30)	210
城市污水处理率	0.079 3* (2.05)	0.121*** (16.29)	210

注:*,**,***分别代表在10%,5%和1%的水平上有显著的统计学意义。

表4-1显示的检验结果表明,城市化率与中国农业用水量的变动没有显著的关系。如同我们在第3章所设想的,由于目前我国农业用水量基本持平并且缓慢减少;但是农

---

① 回归结果中括号外的数值是回归系数,括号里是t值,表4-4、表4-5中各项含义同表4-1。

产品中的进口水资源量所占的比例越来越多,本国农业灌溉水量无法完整体现国民实际消费农产品中所耗费的水资源量,因此检验结果并不明显。

如果分析城市化对农业水资源生产率的作用效果,会发现城市化率对农业水资源生产率有正相关的作用。城市污水处理率对农业用水量的影响仅在10%的水平上有显著性,对农业水资源生产率的影响在1%水平上有显著性。因此,本章接下来暂时放下对农业用水量的研究,将研究重点放在城市化进程对农业水资源生产率的影响上,引入控制变量建立农业用水资源生产率的影响因素模型。

4.3.1.2 控制变量的选取

根据文献综述中的理论基础,为了避免忽略其他影响中国农业水资源经济产出的变量造成的遗漏变量偏差(Omitted Variable Bias, OVB),需要在模型中除城市化率和城市污水处理率之外添加其他对农业水资源生产率造成影响的因素作为控制变量。参考此前对农业用水影响因素的研究,最终本章从资本、人力资源、自然资本这3类因素中选取了7个控制变量。从社会资本层面看,这些因素包括了农业生产资料价格指数、人均粮食产量、农村用电量、农药量等;人力资源层面的变量是农业劳动力中九年义务教育普及率;自然资本层面的变量是温度和降水量。

表 4 - 2 中国农业水资源生产率模型中的控制变量

社会资本	人力资源	自然资本
(1) 农业生产资料价格指数	(1) 农业劳动力九年制义务教育普及率	(1) 温度
(2) 人均粮食产量		(2) 降水量
(3) 农村用电量		
(4) 农药量		

从社会资本层面看起到影响作用的几个自变量是:

(1) 农业生产资料价格指数:Webber 等(2008)的研究认为,高的水价将会改变中国农业灌溉用水的低效率,因为中国的农民尤其是北方的农民是中国收入最低的一个群体,他们对价格的反应非常敏感。但是正是由于他们对于水价的敏感,政府仅象征性地向农民征收少量水资源费用,以避免收费过高引发农民放弃作物种植、威胁粮食安全(Nickum, 1998)。并且政府对水价的征收因村而异,或者以种植作物的面积为依据征收,无法估算其全省平均水价。农业生产资料价格指数可以客观反映全国农产品生产价格水平和结构变动情况,因此本书采用农业生产资料价格指数来代表农产品在生产中所需要花费的成本。

(2) 人均粮食产量:农业用水占中国用水量的60%～70%,粮食生产用水占农业用水的 80%,因此粮食产量的变动会直接影响农业用水量。本书选取人均主要粮食作物产量来反映粮食产量的变动。人口增长是 IWMI 所列举的几个影响农业用水量的因素之一(IWMI, 2013),人口增长也是粮食产量增加的影响因素之一,为避免同时选取粮食产量和人口数量可能出现共线性的问题,本章在进行共线性检验之后发现粮食产量与人口数量存在共线性,因此将上述两个参数相除得到人均粮食产量作为控制变量。

(3) 农村用电量:Bahman 和 Mohammad(2013)通过研究发现,机械化是决定伊朗农业用水量的六大因素之一。农业机械化是指在种植业中使用拖拉机、播种机、收割机、动力排灌机、机动车辆等进行土地翻耕、播种、收割、灌溉、田间管理、运输等各项作业。由于农业机械化程度无法直接度量,但是农村用电的消耗量却可以反映机械化的程度;随着初期的农业机械化程度的提高,农业用电量会随之增长;因此本书选取农业用电量来反应农业机械化程度。

(4) 农药量:使用农药既可能提高农业生产效率,也可能带来污染,降低农业产出效率(李静,等,2012),表明它是影响农业生产的因素之一。因此农药量也被选入本模型中。

从人力资源层面看,可能起到影响作用的自变量是农村劳动力中九年制义务教育普及率。Bahman 和 Mohammad(2013)的研究表明,种植知识的可得性和农民的种植经验会影响农业用水。Knox 等(2012)认为科学家、政府和农民自身对于水资源效率的理解不一致,农民认为的水资源效率是能够帮助农民实现收入的最大化,无论用多少水;农民的受教育程度能够直接影响其对种植知识的掌握和对节约用水观念的感知。受数据可得性限制,我们无法获得各省份的人均受教育年限的数据,因此本书选用受教育程度来代表农民能够掌握种植知识的能力。目前中国农民平均受教育年限为 7.3 年,而义务教育的教育年限为 9 年,因此农村劳动力中完成九年义务教育的比率可以反映农民的受教育程度。

本书选取的可能影响农业水资源经济效率的自然资本因素有:温度、降雨量。根据 Cai 等(2011)对黄河流域灌溉作物和雨水浇灌作物的水资源生产率的研究,水资源生产率的变动与气候的变化相关,所以本书选取了温度和降雨量两个控制变量。

4.3.1.3 数据来源

受到数据可得性限制,我们无法得到 2003—2010 年间的西藏的污水处理率,因此本书的研究对象去掉了西藏,保留了除西藏、台湾、香港和澳门之外的其他 30 个省(市)自治区;同时,2003 年的部分省(市)自治区的城市污水处理率同样也无法得到,因此样本没有包括 2003 年的数据,覆盖了 2004—2010 共 7 年的数据,样本总容量是 210 个。

城市化率、农业 GDP、农业用水量、农村用电量、有效灌溉面积数据来源是《中国统计年鉴》(2005—2011 年);为消除通货膨胀的影响,2004 年之后的农业 GDP 数量均除以当年累积的 CPI 数值,转换成以 2004 年农业 CPI 为基期的货币值。农业生产资料价格指数、人均粮食产量、农村劳动力、温度、降水量数据来自各省(市)自治区统计年鉴(2005—2011 年)。农药量数据来源于《中国农村统计年鉴》(2005—2011 年)。农村劳动力义务教育普及率等于农村劳动力中接收初中教育的人口数量与农村劳动力之比,农村劳动力中接收初中教育的人口数量源自《中国社会统计年鉴》《中国人口与就业统计年鉴》、各省(市)自治区统计年鉴(2005—2011 年)。城市污水处理率等于城市污水处理量与城市污水排放量的比值,这两项指标的数据分别来自各省(市)自治区统计年鉴(2005—2011 年)。

4.3.2 模型检验及结果

4.3.2.1 变量的统计性描述

本研究模型中所有的自变量都经过标准化处理,在此基础上得到了自变量的描述性统计表,见表 4-3。

表 4-3   变量统计性描述

变 量 名 称	计量单位	观测值	均值	标准差	最小值	最大值
城市化率	%	210	$-3.70 \times e^{-9}$	1	-3.07	2.76
城市污水处理率	%	210	$-4.39 \times e^{-10}$	1	-2.50	1.82
农业生产资料价格指数	%	210	$-1.12 \times e^{-9}$	1	-2.37	3.65
人均主要粮食作物产量	$\times 10$ kg/人	210	$-2.78 \times e^{-9}$	1	-1.34	4.19
农村用电量	$\times 10^9$ kw·h	210	$1.55 \times e^{-11}$	1	-0.64	4.70
农药量	$\times 10^3$ kg	210	$9.89 \times e^{-10}$	1	1.18	2.76
农业劳动力九年制义务教育普及率	%	210	$9.89 \times e^{-10}$	1	-3.04	2.08
温度	℃	210	$-2.23 \times e^{-9}$	1	-2.00	2.14
降水量	mm	210	$-7.89 \times e^{-10}$	1	-1.50	3.45

4.3.2.2 实证结果分析

(1) 基本回归结果

基于省级面板数据的中国城市化背景中的农业水资源生产率模型的基本回归结果如表 4-4 所示。

表 4 - 4　　　　　　　　农业水资源生产率影响因素检验初步回归结果

	(1) GDP/水	(2) GDP/水	(3) GDP/水	(4) GDP/水	(5) GDP/水	(6) GDP/水	(7) GDP/水
城市化率	0.263 (1.16)	0.320 (1.44)	0.805** (2.86)				
城市污水处理率	1.862*** (10.58)	1.825*** (10.96)		1.873*** (11.44)	2.114*** (14.58)		2.027*** (12.59)
农业用电量	1.428** (3.00)	1.369** (2.91)	2.584*** (4.37)	1.507** (3.26)	1.537** (3.26)	3.030*** (5.21)	3.65
人均粮食产量	−0.988 (−1.59)						
农村劳动力义务教育普及率	0.723 (1.26)						
温度	−1.411 (−1.29)						
降水量	−0.169 (−0.74)						
农业生产资料价格指数	0.046 1 (0.43)						
常数项	8.863*** (85.31)	8.863*** (85.36)	8.863*** (66.00)	8.863*** (85.10)	8.863*** (83.30)	8.863*** (64.71)	8.863*** (82.89)
样本量 R^2	210 0.574 6	210 0.575 1	210 0.289 2	210 0.572 5	210 0.553 7	210 0.260 5	210 0.549 3

注：*,**,*** 分别表示在 10%,5%和 1%的水平上有显著的统计学意义。

第(1)列是所有潜变量回归之后的结果,人均粮食产量、农村劳动力义务教育普及率、温度、降水量和农业生产资料价格指数等 5 个变量回归结果不显著,人均粮食产量、农村劳动力义务教育普及率和农业生产资料价格指数等变量经过差分之后回归结果仍然不显著,最终模型删除了上述 5 个自变量。城市化率的回归结果也不明显,但是这个变量是我们需要考察的变量,因此在第(2)列的回归中保留了城市化率这个变量以便继续考察它作用于农业水生产率的机制。第(2)列同时保留了第(1)列中回归结果明显的城市污水处理率、农业用电量和农药量 3 个变量。

第 2 列回归中的 R^2 没有因为删除了人均粮食产量、农村劳动力义务教育普及率、温度、降水量和农业生产资料价格指数等 5 个自变量而降低,反而比第 1 列略微增加;而城市化率对农业水生产率的作用系数从 0.263 增加至 0.320。上述结果表明,被删除的第

(1)列的 5 个自变量对农业水生产率的作用效果非常小,而且它们对农业水资源生产率的作用受到了城市人口比例增加的影响。城市污水处理率、农业用电量和农药量对农业水资源生产率的作用在第(2)列中比第(1)列中小,说明第(1)列被删除的 5 个自变量强化了上述 3 个自变量对农业水生产率的作用效果。

(2) 城市化对农业水生产率的作用机制

第(3)列和第(4)列考察了城市化对农业水生产率的作用机制。第 3 列删除了城市污水处理率,模型总体 R^2 减少了 0.285 9,R^2 的减少表明城市污水处理率对农业水生产率的作用效果显著。对比第(2)列和第(3)列的研究结果,第(3)列在删除了城市污水处理率后,城市化率的回归结果在 5% 的水平上显著,表明城市化率的变动对农业水资源生产率也有正向的促进作用,但是当添加了城市污水处理率这个因素后,城市化率对农业水资源生产率的影响无显著性,表明城市化主要是通过提高城市污水处理率而不是增加城市人口比例来促进农业水资源生产率的提高。对比第(2)列和第(4)列的研究结果,第(4)列删除了城市化率之后,城市污水处理率、农业用电量和农药量的回归系数均比第(2)列大,表明城市化进程推进了城市污水处理、农业用电和农药的使用,并通过这些途径增加农业水资源的生产率。与第(2)列相比,第(4)列的 R^2 减少了 0.002 6,也表明了城市化率对农业水资源生产率有微弱的促进作用,但是这种作用比较小,城市化对农业水生产率的正向拉动主要是通过提高城市污水处理率来实现的。

第(4)列到第(7)列考察城市污水处理率、农业用电量和农药量 3 个变量在对农业水资源生产率产生作用过程中的相互影响。将第(5)列至第(7)列的回归结果与第(4)列进行对比,发现控制这 3 个变量中的任何一个,其他 2 个的系数都会降低,表明这 3 个变量之间也存在正向的相互影响。

(3) 地区异质性的影响

城市化程度较高的地区经济相对发达,有较强的环保意识并且有能力购置污水处理设施,使这些地区的城市污水处理率较高。较高的城市污水处理率意味着更少量的城市污水排入农村,减少了对农业水安全的威胁,因此我们假设高城市化率的省级行政区域城市污水处理率的变动对当地农业水资源生产率的影响更大。为了验证这个假设,捕捉城市化率的地区异质性,我们分别根据 10%、50% 和 90% 这 3 个分位点设置了低城市化率和高城市化率 2 个虚拟变量,城市化率的上述 3 个分位点分别是 32.18%、44.05% 和 63.40%。以取 50% 的分位点为例,当城市化率≤44.05% 时,高城市化率的虚拟变量取 0,低城市化率=1;当城市化率>44.05% 时,高城市化率虚拟变量取 1,低城市化率=0。回归结果如表 4 - 5 所示。

表 4 - 5　　　　　　　　基于城市化率不同分位点的农业水资源生产率回归

	10%分位点 GDP/水	50%分位点 GDP/水	90%分位点 GDP/水
城市污水处理率×低城市化率	1.551*** (3.47)	1.572*** (7.43)	1.832*** (10.13)
城市污水处理率×高城市化率	1.951*** (10.86)	2.304*** (10.15)	2.195*** (3.91)
农村用电量	1.538** (3.29)	1.406** (3.05)	1.565** (3.30)
农药量	2.417* (2.52)	2.801** (2.94)	2.744** (2.83)
人均粮食产量	−1.102 (−1.77)	−1.221* (−1.99)	−1.012 (−1.60)
温度	−1.376 (−1.26)	−0.989 (−0.91)	−1.637 (−1.48)
降雨量	−0.199 (−0.86)	−0.201 (−0.89)	−0.196 (−0.84)
农村劳动力义务教育普及率	0.953 (1.63)	0.917 (1.64)	0.754 (1.31)
农业生产资料价格指数	0.0365 (0.34)	0.0204 (0.19)	0.0380 (0.34)
常数项	8.834*** (80.81)	8.770*** (81.06)	8.844*** (76.69)
样本量 R^2	210 0.5730	210 0.5879	210 0.5598

注：*，**，***分别表示在10%，5%和1%的水平上有显著的统计学意义。

在3个分位点上，交互项城市污水处理率×高城市化率与城市污水处理率×低城市化率的系数值都在1%的水平上有显著性，表明城市污水处理率在各个城市化阶段都能够显著作用于农业水资源生产率；而城市污水处理率×高城市化率的系数值大于城市污水处理率×低城市化率的地区，表明城市化程度高的地区中城市污水处理率对提高农业水生产率的作用更大。这不仅可能因为城市化率程度高的地区排放的城市污水量更大，提高城市污水处理率能够减少不达标排放的城市污水降低对农业生产的影响；还可能因为高城市化地区的工业发达，排放的污水中污染物程度高，提高城市污水处理率能够减少水体中的污染物数量。因此，城市化率程度高的地区更应该加强对城市污水处理设施的投入，以便提高这些地区的农业水资源生产率。

农村用电量和农药量也在不同城市化程度上对农业水资源生产率存在正相关作用。不同的是取50%分位点时,农药量的作用系数高于其他2个分位点,而农村用电量的作用系数小于其他2个分位点;表明中等城市化区域应该加强农药的使用而不是持续增加用电量。

同样对中等城市化区域产生不同于其他区域作用的显著性变量是人均粮食产量。在50%分位点时,人均粮食产量对农业水生产率呈显著负相关作用,表明中等城市化地区增加粮食产量反而降低了这些地区的农业水资源生产率。由于中等城市化的地区多位于中部产粮区,表明这一地区的主要任务是保障粮食产量,农业水资源的使用效率并非该地区关注的焦点,同时也暗示了这一地区的农业水资源效率有提升潜力。

4.1 4.2 4.3 **4.4**

4.4 结论与进一步的研究方向

本书采用2004—2010年中国除西藏等以外的30个省级行政区域的面板数据,对城市化作用下的农业水生产率影响因素进行了探讨,结果发现,城市化驱动农业水资源效率提升的主要路径,不是通过增加城市人口在总人口中的比率,而是提高城市污水处理比率;城市污水处理比率对农业水生产率的驱动作用在高度城市化的地区更加明显。受到数据可获得性的限制,我们没有考察城市土地面积的变动的作用效果,如果能够得到城市土地面积的数据,将有利于比较分析土地城市化和人口城市化对农业水资源生产率的不同作用效果。在选取的控制变量中,农村用电量和农药量对提高农业水资源生产率的作用也很明显。

因此,在城市中增加投入提高城市污水处理率,可以作为城市反哺农村的一个有效手段。应采用政策工具增加城市污水排放合格率。在农村地区应当采取补贴政策对农村用电实施补贴。但是,考虑到施用农药对农村用水的双重效果,尽管根据2004—2010年间的数据得到了农药施用能够增加农村水资源生产率的分析结果;仍然要运用环境政策调控农药施用,防止滥用农药。

本章的初始目的是为了考察城市化对农业用水量的影响,实证结果表明,城市化对中国农业用水的影响并非在水量上而是在其经济产出上。而从选取的反映两项城市化的指标——城市化率和城市污水处理率的角度考察,城市污水处理率对农业水资源生产率的影响明显。但是所选取的这两项指标几乎是从单一指标的角度来考察城市化对农业用水的作用效果，而事实上城市化包含了一系列的经济、人口、环境要素的变化。如果我们能够获得所考察年份中的城市化进程中的各项经济、人口、环境要素等指标，本章中所采用的计量经济学工具也能模拟分析城市化对农业用水的影响效果，而实际上在缺乏相关数据的条件下，若动态模拟城市化对农业用水的影响机制，就需要借助系统动力学工具而非计量经济学工具。因此，下一章将从单因果的模拟过渡到多因果的模拟；运用系统动力学建立经济、人口、土地、水和粮食生产 5 个能够联系城市化和农业用水的子模型，来系统地模拟城市化对农业用水的作用路径。

第5章 城市化驱动下的中国农业用水量系统动力学模型

第4章从单因果角度研究了城市化对中国农业用水的作用效果——城市化用城市化率和城市污水处理率等指标来表征;农业用水主要用农业水量来反应;农业用水量数据是指国内的水资源使用数量。城市化是一系列经济、环境和社会变迁的总和,是一个渐进的过程。对于农业用水而言,进口农产品中所包含的水资源量在中国农产品中的耗水总量逐渐增加,也反映了动态的变化过程。因此,不仅需要引入多维度参数来反映城市化进程,还要用需水量来代替供水量计算水资源使用,才能更全面地反应农业水资源变动。所以本章将从水资源需求角度出发、运用多因果检验,研究城市化对中国农业用水的驱动路径。

5.1 5.2 5.3 5.4 5.5

5.1　问题的提出

城市化与中国的农业用水是否有关系? 此前的研究认为城市化进程必然对农业用水有影响。土地、人口迁移、经济发展、粮食种植等是两者之间连接的纽带,这其中涉及经济、社会和资源环境等多个要素。这种影响也基本可以分为负向和正向两类。

首先,从城市化对农业用水的负向作用来看,城市化把农村人口转变成为城市劳动力,这些劳动力促进了城市经济的发展,城市经济的发展和城市人口的增加对于水资源的需求可能均以牺牲部分农业用水为代价,因为在农业用水与工业或者城市市政用水发生冲突的时候,总是农业用水首先要做出让步。

其次,从城市化对农业用水的正向作用来看,城市经济发展增加了对各种农产品的需求,因而需要加大农业水资源投入以提高农产品产量;在农业用水总量减少而农产品产出数量需要增加的条件下,提高农业水资源效率就成为解决之道。部分城市经济的发展带来的资本收入投入到了农业灌溉设备或者农业生产技术的改进中,提高了农业用水效率,因此城市化对于农业用水存在正向的作用。

城市化对农业用水的正负作用彼此消长,因此有必要走出定性分析的范畴,量化分析城市化引起的各种变化对农业用水的作用效果,以便提出有针对性的改进路径。

若定量研究城市化对于农业用水的驱动机理,就要引入系统动力学工具。原因在于,第一,在进口农业水资源数量占农业水资源消费总量逐渐增加的情况下,仅凭供水数量的多少无法精确反映中国农业实际水资源消耗量,但是中国进口农产品的用水量估算是一项复杂的工程,所以难以得到进行计量回归所需要的中国农业水资源最终消费量的数据。所以,完成从农业水资源消费量到农业水资源需求量的转变,将能够反映最终需要的农业水资源数量。而农业水资源的需求量数据无法直接获得,因此运用计量经济学面临着农业水资源实际需求量无从获得的难题。

第二,城市化是指经济、环境和社会的一系列变革。城市化率反映了城市人口比例的变化,城市污水处理率反映了城市水处理的改善;除此之外,城市化还涉及了经济发展、土地使用方式转换、居民生活方式改变等多个维度的变化。当从多因果角度来表征城市化带来的变化时,其中涉及的一些变量无法得到确切的数据,因此计量经济学工具在这里难以发挥作用。综合上述两点,有必要引入系统动力学模型,考虑粮食进口因素,从农业用水需求量和供应能力两个角度、反映城市化的各项指标,多维度解释城市化对农业用水的驱动机理。

所以,在本章我们将回答第4章的研究所没有回答的问题——城市化是如何影响中国农业用水量的。首先,此前是否出现过与本章研究主题相关的研究? Wang 和 Yang(1987)曾建立系统动力学模型模拟中国的城市化进程,以经济发展和粮食需求来联系城市和农村人口的迁移,以此反映中国的城市化进程。这是与本章研究主题——考察中国的城市化进程联系最紧密的一篇文献。但是迄今为止还没有出现运用系统动力学工具来模拟整个中国城市化进程的研究;也没有出现旨在模拟城市化对中国农业用水量的驱动机理的文献。但是,此前的系统动力学研究为本书提供了参考依据。

本章所要解决的问题有如下3个:第一,运用 1978—2010 年的数据建立城市化作用下的中国农业用水量模型,由人口、土地、经济发展、粮食生产和水资源5个子模型组成,各自模拟城市化带来的5个子模型中变量的变动。同时这5个子模型都直接或者间接与农业用水量相关,因而可以寻找城市化对农业用水的作用路径。第二,筛选出能反映城市化带来的变化的关键变量,聚焦本章重点研究的问题——城市化影响农业用水量的驱动机理,模拟这些变量对农业用水量的作用过程并量化分析作用效果。第三,从水资源子模型推测中国农业水资源的短缺数量。

5.2 模型结构

因为系统动力学假设系统中的各个因素相互作用和影响,所以运用系统动力学工具要把握最关键的两点:首先,分辨"源"和"汇",它们分别代表了变化率和变化最终的结果;其次,建立正确的反馈,即能如实反应"源"和"汇"之间的相互作用。本章模型的建立紧紧围绕所要解决的问题展开,介绍模型中的"源"和"汇",以及它们相互作用组成的5个子模型——土地、人口、粮食生产、水资源和经济发展中"源变量"和"汇变量"之间的动态作用过程。

5.2.1 模型的整体结构

中国的城市化和农业用水之间的联系很多,几乎把城市和农村中的各个因素囊括进来。但是没有必要建立一个复杂到包括所有因素的模型,因为这样的模型只有一个,那就是现实世界。我们不需要复制一个现实世界,只需要忠实于我们拟将解决的研究问题,尽管这样的研究只能反映现实世界的一个侧面。但是所有的研究都是从某一角度来反映现实世界,我们的研究也没有例外。

在这里我们选取了城市和农业用水问题关联最紧密的因素——土地、人口、粮食生产、水资源和经济发展。整个模型结构如图 5-1 所示,包括了 4 个负反馈和 2 个正反馈,这些反馈都构成了一个完整的闭环。这幅因果循环图是我们代入参数,建立完整的能够在模拟工具中运行的流图的基础;在此之后的每一张图都是从对这幅图的一部分进行的展示。

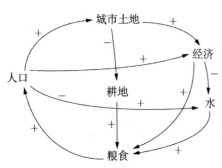

图 5-1 城市化与中国农业用水模型①

如果把这个模型细分成城市和农村两部分,整个模型就会被一分为二变成农业经济和非农业经济两个模型,分别如图 5-2 和图 5-3 所示。农业经济模型反映了人口对粮食的需求,土地和

---

① 图中的"+"和"-"分别表示正向强化和负向强化,即前一个因素的出现能够增强或者减弱后一个因素的作用效果。

水对粮食种植的作用之间的相互博弈。考虑到"入世"后中国粮食进口量的激增,进口粮食比例在粮食总量中的占比逐渐增大,我们还在粮食生产中加入了进口粮食的因素。非农业经济模型则反映了经济发展对水资源的需求,以及经济发展促进水资源使用效率之间的相互博弈。把模型进一步细分便得到 5 个子模型。

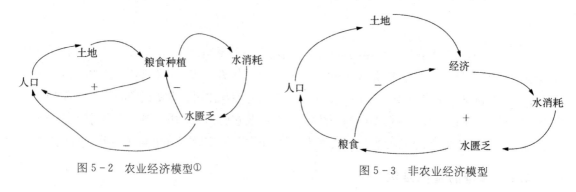

图 5-2　农业经济模型①　　　　　　　　图 5-3　非农业经济模型

5.2.2　5 个子模型结构

这 5 个子模型分别是:土地子模型,人口子模型,非农业经济子模型,粮食产量子模型,水资源子模型。每个子模型中都有一个主要变量,它们分别为:土地面积、人口数量、非农业经济总量、粮食产量和水资源消耗量。接下来我们将运用能在系统动力学软件——STELLA 中能够直接实现的流图,分别介绍各个子模型的结构、所包含变量的中英文名称。②

5.2.2.1　土地子模型

土地子模型用于模拟中国 3 种土地类型之间的相互转换(图 5-4),这 3 种土地分别是保留地(未用地)、城市土地面积和耕地。保留地包括草地、水域及水利设施用地和其他用地;城市土地面积包括城市建设和居民生活用地面积;耕地即用作农业生产的土地。中国每年都有保留地整治后被征收用作城市建设用地或者被开发用作耕地。同时由于迁移到城市的农村人口对住宅等用地的需求,每年还有一定数量的耕地被征为城市建设用地,但是耕地不能够无限制地被征收。从 1996 年起,我国出台了执行"土地 18 亿亩红线"的国策,即耕地总量保持 18 亿亩不变;允许部分耕地征收成为城市用地,通过改造保留地补充耕地。

---

① 闭环中的"+"和"-"号分别表示环内的整个循环从整体上来讲是正向反馈还是负向反馈。图 5-3 同此含义。
② 作者在美国导师 Matthias Ruth 及其团队成员的耐心讲授与指导下,完成了本书的系统动力学建模。书中采用的 STELLA 软件是英文版的,对照各参数的英文名称本书分别进行了中文注释。

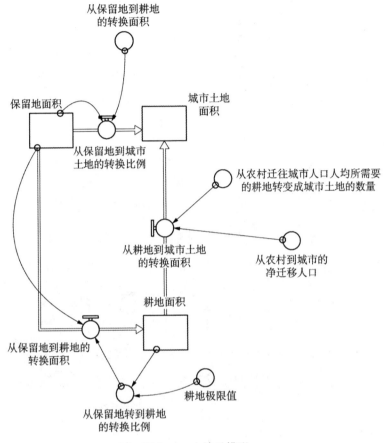

图 5 - 4　土地子模型

5.2.2.2　人口子模型

城市化是指农村人口变成城市人口的过程,人口子模型(图5-5)把人口划分为农村人口和城市人口两类。城乡之间的经济差异是造成人口流动的最重要原因,因此本章选取城乡收入比作为影响城市化速率和逆城市化速率的因素。"逆城市化"是指人口从城市流向农村的现象。农村和城市人口分别构成农村劳动力和城市劳动力的主力,将各自进入农业经济和非农业经济的生产环节。中国存在大量从农村到城市务工的劳动者,他们保留农村户籍但是属于城市劳动者,考虑到这部分人口不是城市劳动的主力,为了简化模型我们没有将农民工因素纳入最终的模型中。

因为人民生活的改善需要更多的粮食供应保障,所以人口和粮食生产在我们建立的模型中被联系在一起了。这里对人口子模型的介绍也包括了粮食生产子模型中的一部分内容;这部分内容将在粮食生产子模型中详细介绍。

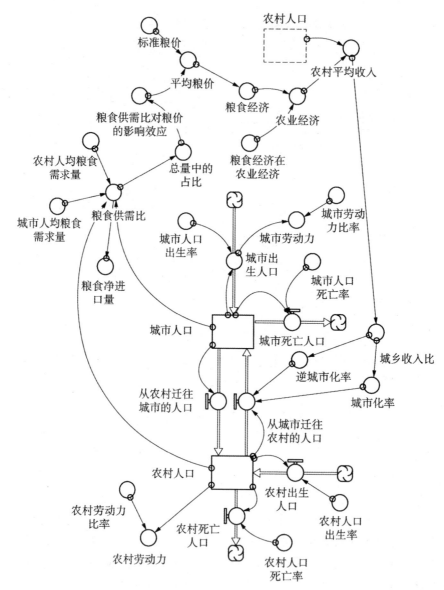

图 5-5　人口子模型

5.2.2.3　非农业经济模型及其各项指标参数的估算

（1）非农业经济模型

非农业是指工业和服务业,它所产出的国民生产总量占中国经济总量的 90%,是最主要的经济产出来源。生态经济学的理论所列举的影响经济发展的三大类因素——资本投资、劳动力和自然资源,全部被考虑到这个非农业经济子模型(图 5-6)增长来源中。

由于中国优先满足工业和服务业的水资源需求,但是对于占地较多的项目却可能不予批准,因此在这里限制非农业经济发展的自然资源模型仅包括土地数量而略掉了水资源数量。不可否认,未来如果中国的水资源不足以供应高耗水的工业需求,可能会限制发展耗水量高的项目,但是对目前的非农业经济发展来说,水资源却不是其主要的限制因素。

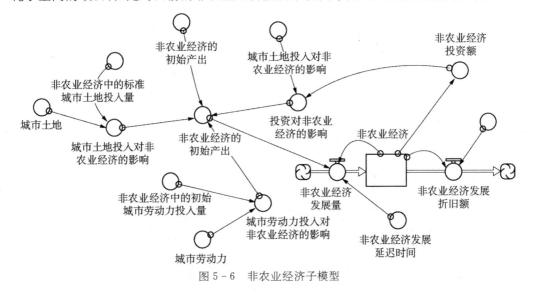

图 5-6   非农业经济子模型

经济的发展有更迭期,即企业的固定资产以及生产产品类型等会更新换代,更新换代的时间如何推算? 我国居民每 10 年就能够把家用电器更新一遍,因此文章中假定中国经济的平均寿命周期为 10 年,即每 10 年就能够把基础设施更新一遍。

(2)非农业经济模型中各项参数的预估算

计量经济学与系统动力学结合研究社会系统或者环境资源问题,能够综合两者的优点,是一种有效的研究方法(Winz, et al., 2009)。经济学中一般采用柯布道格拉斯函数(CD 函数)来估算经济增长模型,本书用 CD 函数对非农业经济进行预估算;估算值可以非农业经济子模型中资本投资、人口和土地要素系数值设定时的参考。

本研究建立的 CD 函数模型中投入的要素是资本、劳动力和土地数量,产出是非农业经济产出。其中资本量用第二、三产业固定资产投资额来表示,劳动力用城市人口数量来测算,土地面积等于市辖区土地面积。估算方法是将 2003—2010 年间全国各个省级行政区域的面板数据进行回归。各项数据的来源:经济产出值、劳动力和市辖区面积数据来源于各省(市)自治区的统计年鉴(2004—2011 年);第二、三产业固定资产投资数据来源于《中国固定资产统计年鉴》(2004—2011 年)。值得注意的是,人力资本应该用城镇社会劳动者数量衡量才更加准确,但是由于不能找到具体到各省的城镇社会劳动者数

量,所以在这里以城镇人口来替代。CD函数表示成公式(5.1):

$$Y = A \times K^{\partial} \times L^{\beta} \times D^{\gamma} \tag{5.1}$$

将公式两边对数线性化后得到式(5.2):

$$\ln Y = \ln A + \alpha \ln K + \beta \ln L + \gamma \ln D \tag{5.2}$$

式中,Y,A,K,α,L,β,D,γ分别代表非农业经济产出,常数项,非农业经济固定资产投资,非农业固定资产投资系数,城镇人口,城镇人口系数,城市土地面积,城市土地面积系数。

非农业经济产出解释变量统计性描述见表5-1。

表 5-1　　　　　　　　　非农业经济产出解释变量统计性描述[①]

变量名称	计量单位	观测值	均值	标准差	最小值	最大值
非农业经济固定资产投资	×10⁹元	248	3 774.67	3 385.07	127.63	18 637.42
城镇社会劳动力	×10⁴人	248	1 789.91	1 245.39	(缺省值)	6 110.49
城市土地面积	km²	248	19 478.93	13 936.50	(缺省值)	70 133.00

然后对上述公式进行回归分析,回归之后的结果见表5-2。

表 5-2　　　　　　　　　非农业经济产出 CD 函数回归结果

变量名称	产出	变量名称	产出
非农业经济全社会固定资产投资额	0.563*** (4.92)	常数项	8.387*** (78.28)
城市人口	0.1 (1.76)	样本量	248
城市土地面积	0.251** (2.88)		

注:*,**,***分别代表在10%,5%和1%的水平上有显著的统计学意义。

非农业经济全社会固定资产投资额和城市土地面积的回归结果显著,但是人口的回归结果不显著,其原因可能是:首先,以城镇人口代替城镇社会劳动者造成劳动力数量统计的不精确;其次,城市人口与资本投资额和土地面积存在相关性,削弱了劳动力在经济产出公式中的显著性。

根据上述回归结果首先能够得到$\ln Y$的表达式,然后经过变换得到Y的表达式,最终得到的结果是:

---

① 　各项指标中不能查找到的省份的数据以0来代替,所以出现了最小值为0的情况。

$$\alpha = 0.563,\ \beta = 0.133,\ \gamma = 0.251,\ A = 4389.63$$

初步估算经济增长公式为 $Y = 4389.63 \times K^{0.563} \times L^{0.133} \times D^{0.251}$，可以看出作用效果显著性大小依次为资本、土地和劳动力，这一结果可以作为进一步估算非农业经济子模型的参考。

5.2.2.4 粮食生产子模型

工业和服务业发展积累的部分资本用作了农业投资。农业投资用于如下几个方面——水利、提高劳动者素质、农业研究、产量、种子、化肥（Gupta & Kortzfleisch，1987）。在粮食生产子模型（图5-7）中，农业投资能够从节约粮食单位产量耗水量、提高土地单产和节约农村劳动力三个方面提高农业生产率。农业水利投资是中国农业投资的重点领域之一，它包括农村饮用水安全工程和农业灌溉设施建设两部分。农业水利投资减少了单位土地面积的灌溉水量和农田用水量；投资在耕地上的资本提高了单位土地的生产率，并且减少了单位土地面积的劳动力需求量。最终，农业投资节约了劳动力、耕地和水资源。

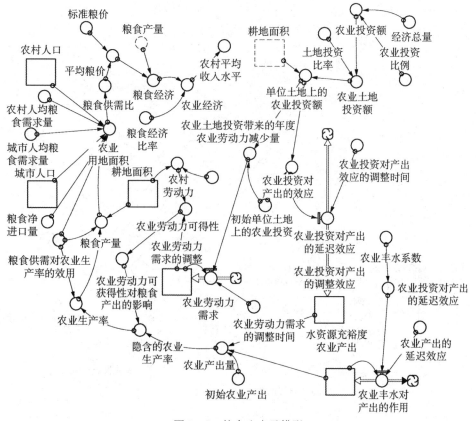

图5-7　粮食生产子模型

5.2.2.5 水资源子模型

要了解中国农业用水,需要从整体上了解农业用水的来源和用途。水资源子模型见图5-8。中国水资源的来源是有效降水、抽取的地表与地下水。部分降水汇入土壤,成为土壤水,这部分水资源在农业用水中占有较大的比重,当降水量不大时,大部分或全部土壤水将被土层吸收,例如降水稀少的华北地区降水量的70%转化为土壤水;但是这部分水不能产生径流或补充地下水,因此不能作为工业或城市用水。而抽取的地表与地下

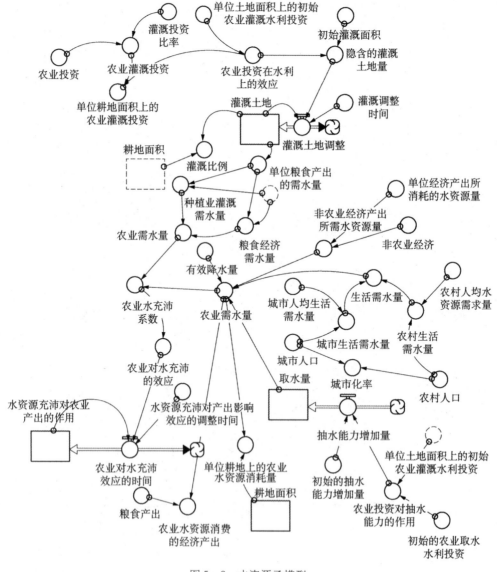

图5-8 水资源子模型

水,则可以用作农业或非农经济以及居民生活用水等各种用途。农业灌溉设施的改善,将为少雨地区提供持续的供水,解决工程性缺水难题,增加供水量;所以,灌溉设施的改善增加了供水量。

从水资源的用途看,中国水资源的 3 种用途:农业、工业与服务业等非农业经济用水、居民生活用水。在中国抽取的地表水和地下水,通常需要首先满足居民生活和非农经济用水所需,最后才会考虑农业用水需要。农业用水的短缺会降低农业土地产出值;农业所用的水会提高农业生产效率。居民生活用水量等于城市和农村居民用水量之和,即城市或农村人口乘以其居民单位时间段内的用水量。城市和农村居民有不同的生活标准,其每日生活用水量不同,因此水资源子模型将分开计算城市和农村的生活用水量。

5.1 5.2 **5.3** 5.4 5.5

5.3 模型假设与参数设定

5.3.1 数据来源

系统动力学是运用普适性的理论,模拟客观世界的现象;所运用的理论越普遍,它所能模拟同等条件下的例子就越多样化(Sterman,2000)。如果要建立一个城市模型,那么这个模型不仅要能够模拟纽约市的情况,也能够模拟柏林或者加尔各答等城市的情况。这就要求建立模型者把建模过程和数据详细展现给读者。但是 1/3 的作者对于读者希望提供建模过程中所用数据的要求不予理睬(Dewald, et al.,1986)。对读者而言,如果一个模型不能够被复制并再现,那么读者就有权利拒绝接收它的研究结果(Sterman,2000)。因此从另外一个角度来看,略去对模型参数设定过程的介绍并不利于建模的研究者推广自己的研究成果。

所以本研究把所有的参数设置依据全部写出来,它既可以用作回答别人对本模型可靠性的质疑,也可以使后来的研究者了解得出这个结论的来龙去脉,使他们能够复制本研究的结果,并在此基础上加以改进和创新。所以,在上一节介绍模型基本框架的基础上,这一节将详细介绍每一个参数的设定过程和假设条件。Forrester(1980)认为,模型中最终采用的数据有 3 种:数据型、记录型和经验型。数据型就是以往的数据记录;记录型数据是指从会议记录、统计年鉴、年报、会议记录、网站或者其他记录中得到的数据;而经验型数据是指经过访谈、观察、推测得到的记录。本模型中的数据型和记录性数据的来源是 1979—2011 年各省(市)自治区的统计年鉴和公报中的实际经济、社会、环境值;而对于需要估算的经验型数据,上述年鉴和公报中的数值是其设定的参考依据。以下是各项数据来源介绍:

土地子模型数据来源:耕地面积数据来源《新中国六十年统计资料汇编》(1978—2008 年)和《中国统计年鉴》(2009—2011 年)。中国城市土地面积数据来源《中国城市建设统计年鉴》(1984—2006 年),并运用趋势外推法推算中国 1978 年的耕地数量是 $1.80 \times 10^5 \, km^2$;根据世界银行的数据,1998—2010 年之间中国的保留地面积占国土总面积的 16.6%(http://data.worldbank.org/indicator/ER.LND.PTLD.ZS);2006 年中国耕地减少的比率是 0.25%(国土资源部,http://www.mlr.gov.cn/mlrenglish/magazine/2006/200711/t20 071 108_90 721.html)。

土地征收面积资料来源:《中国国土资源统计年鉴》(2004—2007 年)。保留地土地面积等于国土总面积减去城市土地面积和耕地面积之和,城市土地面积包括城市面积、建成区面积和城市建设用地面积,其数据来源于《中国国土资源统计年鉴》(2004—2006 年),2006 年起住房和城乡建设部《城市建设统计报表制度》修订,调整了城市土地面积的统计范围、口径及部分指标计算方法,使 2006 年之后的城市土地面积与 2006 年之前相比明显减少,比如 2005 年中国的城市土地面积为 $4.13 \times 10^5 \, km^2$,2006 年仅为 $1.67 \times 10^5 \, km^2$;因此 2006 年之后的中国城市土地面积采用"地级及以上城市市辖区土地面积"指标更能够接近实际土地面积的数值,这部分数据来源于《中国统计年鉴》(2007—2011 年)。

人口子模型数据来源:城镇社会劳动者数据来源于《中国劳动统计年鉴》。农村社会劳动者数据来源于《中国劳动统计年鉴》。城镇人口数量源自《中国统计年鉴》。1978 年中国乡村劳动力是 3.06×10^9 人(资料来源于《中国农村统计年鉴》)。

非农业经济子模型数据来源:粮食商品零售价格指数数据来源于《中国城市(镇)生活与价格年鉴》。人均粮食消费包括直接的粮食产品如谷物、玉米等的消费,也包括间接的粮食消费,如消费的肉类、禽蛋等所需要的粮食,由《国家中长期粮食安全中长期规划纲要(2008—2010)》所提供的数据,我们预测出了 1978—2010 年间各年的中国人均粮食需求量(即消费量)。万元农业 GDP 用水量数据来源于《中国环境统计年鉴》。全国农村和城市人均用水量数据来源于《中国水资源公报》。非农业经济(第二、三产业)固定资产投资额数据来源于《中国城市统计年鉴》。

粮食生产子模型数据来源:耕地灌溉比率等于有效灌溉面积与耕地总面积的比率,有效灌溉面积数据源自《中国统计年鉴》,耕地总面积数据源自《新中国六十年统计资料汇编》和《中国统计摘要》。城镇居民人均粮食消费量数据来源于《中国农村统计年鉴》(2008 年)及《中国住户调查年鉴》(2012 年)。农村居民人均粮食消费数量来源,粮食作物产值数据来源《中国农村统计年鉴》(2011 年)。中国粮食进口量数据来源于《中国农村统计年鉴》(2011 年)。

水资源子模型数据来源：降水总量数据源自《中国统计年鉴》(1981—2010 年)。水资源总量数据源自《中国水资源公报》(1978—2000 年)和《中国统计年鉴》(2001—2011年)。每年的降雨量落到地面上之后还要经过水分的蒸发，蒸发量跟种植的作物类型和土壤种类有关，所以有效降雨量即最终能够被作物吸收的水量不等于统计的降水量数据，只有在蒸发蒸腾之后留在土壤根部能够被作物吸收的即"绿水"才能够被称为有效降水，因此在这里我们取 1978—2010 年中国农作物使用的绿水数量作为有效降雨量，数据来源于本书第 3 章中的 5 种主要粮食作物绿水足迹计算值比上其在粮食总产量中的比例 90%。

需要说明的是，上述现实中的数据仅作为模型中各个参数取值的参考，在 STELLA中输入的数据都要经过平滑处理以保证所建立的模型的稳定性。

5.3.2 参数设定

在我们所建立的城市化与农业用水的系统动力学模型中共包含 5 个子模型，115 个参数。这些参数的数值有些能够从统计年鉴或者公报中直接获得，为数值型数据；有些则需要根据经验进行推测，它们被称为经验型数据。所有变量都能够通过如下 3 种方式被赋值，它们是图表、设置初始值与其他参数运算。我们将依次介绍 5 个子模型的赋值。

(一) 土地子模型中的参数设定

(1) 耕地(Arable land)

耕地面积是系统层次的一个变量，又被称为"库"，即它的数值是一个其他变量积累的过程，当时间突然停止的时候，它的数值不会顷刻间变为零。它的初始面积是 1978年时的中国耕地总面积为 $9.938\,93 \times 10^5\,km^2$，(《中国统计年鉴》，1979 年)。它的变动由保留地改造成耕地的速度和耕地被征收成为城市土地的速度决定。

$$耕地面积(t) = 耕地面积(t-dt) + (从保留地到耕地的转换面积$$
$$- 从耕地到城市土地的转换面积) \times dt$$

耕地面积初始值＝993 893

(2) 保留地(Conservation land)

保留地面积也是一个"库"变量，它等于国土面积减去耕地再减去城市土地面积之后，剩余的农村未用地、草地、水利和水利设施等用地，1978 年的初始值是 $8.444\,23 \times 10^6\,km^2$(《中国统计年鉴》，1979 年)。每年都有部分保留地被重新开发成为耕地或者被征收为城市土地。

$$保留地(t)=保留地(t-\mathrm{d}t)+(从保留地到耕地的转换$$
$$-从保留地到城市土地的转换)\times\mathrm{d}t$$

（3）城市土地（Urban land）

以土地的用途职能作为划分依据将城市土地分为 10 大类，包括：公共设施用地、工业用地、居住用地、仓储用地、道路广场用地、市政公共设施用地、对外交通用地、绿地、特殊用地、水域和其他用地（《城市用地分类—规划建设用地标准》，1991 年）。2006 年起住房和城乡建设部《城市建设统计报表制度》修订，调整了城市土地面积的统计范围、口径及部分指标计算方法，按照该规定，中国城市土地面积是指"地级及以上城市市辖区土地面积"，1978 年该项指标数值是 $1.8\times10^5\,\mathrm{km}^2$（《中国统计年鉴》，1979 年）。

中国每年城市化人口数量约 1 500 万人，每年城市新增面积约为 1 500 km^2（牛凤瑞，2013），根据《中国国土资源统计年鉴》的资料显示，每年的城市征地包括了耕地、除了耕地之外的其他类型的农村土地、林地、山地等其他土地来源。文中把它们归为耕地和保留地，是城市征地的两大来源。

$$城市土地(t)=城市土地(t-(\mathrm{d}t))+(从保留地到城市土地的转换$$
$$+从耕地到城市土地的转换)\times(\mathrm{d}t)$$

$$城市土地初始值(t)=180\ 000$$

（4）从保留地到耕地的转换（Conversion from reserved land to arable land）

这个指标处在农业用水的正反馈环节上，因为产生越多的耕地，就会有越多的农业水资源消费。它是一个"流"变量，它不停地从"库"变量——保留地，流入耕地中。当时间突然静止的时候，"流"变量将暂停流动，其数值变为零。它的流动速度等于当年的保留地数量与保留地到耕地转换部分的乘积。

$$从保留地到耕地的转换=保留地 \times 保留地到耕地的转换比例$$

（5）从保留地到耕地的转换比例（Conversion fraction from reserved land to arable land）

根据国土资源部公布的数据，中国 2006—2010 年期间每年新增耕地面积约 $3\times10^3\,\mathrm{km}^2$，其来源是从保留地向耕地的转换，这个数量约相当于保留地面积总量 0.000 356 的比例。1978—2010 年间的耕地数量从 $9.94\times10^5\,\mathrm{km}^2$ 变化到了 $1.22\times10^6\,\mathrm{km}^2$，每年从保留地到耕地的转换面积约占保留地面积的比例约占保留地面积的 0.001；若考虑中国的耕地数量 18 亿亩的土地政策，就要使保留地到耕地的转换数量恰好能补偿耕地向城市土地面积的转换数量，本书设定耕地数量上限以满足此要求（图 5-9）。从保留地到耕地的转换比例因此被分成两个阶段：在耕地数量达到最大限制之前，转换比例为 0.001；当耕地数量达到 18 亿亩的时候，从保留地到耕地的转变比例变为零；由于同时耕地在向城市建设用地转换,所以耕地数量下降之后,保留地迅速补充耕地的流失,使耕地总量基本维持在18亿亩。

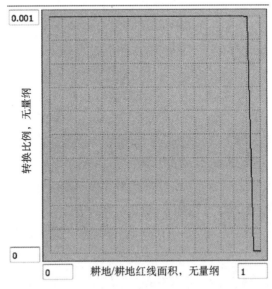

图 5-9　从保留地到耕地的转换比例

（6）**耕地数量极限值**（Arable land limit）

这项指标是参照中国的 18 亿亩红线所设定的耕地数量极限值。

$$耕地数量极限值 = 1\,200\,000$$

（7）**从保留地到城市土地的转换**（Conversion from reserved land to urban land）

它等于保留地面积与保留地到城市土地转换比例的乘积。

$$从保留地到城市土地的转换 = 保留地 \times 保留地到城市土地的转换比例$$

（8）**从保留地到城市土地的转换比例**（Conversion fraction from reserved land to urban land）

根据国土资源部 2006—2010 年间的统计资料,我国每年新增的城市土地中,有 2/3 来自耕地,1/3 来自保留地,即每年约 750 km^2 土地从保留地转变成为城市土地,转变面积约占保留地总面积的 8.88×10^{-5}。

$$从保留地到城市土地的转换比例 = 8.88 \times 10^{-5}$$

（9）**从耕地到城市土地的转换**（Conversion from arable land to urban land）

当有更多的人进入城市,就需要有更多的土地来满足这部分迁移人口的住房、工作等用地需求,本书中城市征收的耕地主要是用于满足迁往城市的人口的用地需求。

从耕地到城市土地的转换＝人口从农村到城市的净转移量×从农村迁往城市人口所需人均耕地转变成城市土地的数量

(10) 从农村迁往城市人口所需人均耕地转变成城市土地的数量(Land converted per person from arable land due to urbanization)

这项指标是指需要增加的人均城市土地面积,以满足从农村迁往城市的人口的需求,增加的土地来源是耕地。

城市中每增加 1 个居民,城市中就要至少随之配套 100 m² 的土地作为他们的住房以及公共设施用地。设定城市中每增加 1 个人,耕地向城市土地就转换 100 m²;保留地向城市中转换 50 m² 的面积。

$$迁移人口所需要的人均耕地转变成城市土地的数量＝1×10^{-4}$$

(11) 人口从农村到城市的净转移量(Net migration)

这项指标等于从农村转移向城市的人口减去从城市转移向农村的人口,即从农村向城市迁移的人口净值。

人口从农村到城市的净转移量＝从农村转移到城市的人口－从城市转移到农村的人口

(12) 城市土地投入的经济产出效应(Urban land effect on non-farming economy)

这项指标是指城市土地投入带来的经济产出效应(图 5-10)。

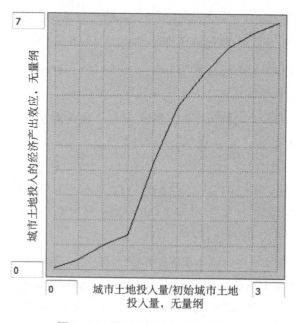

图 5-10　城市土地投入带来的效应

(13) 初始城市土地投入(Initial urban land on non-farming economy)

这项指标是指 1978 年的城市土地数量,为 18 000 km²。

初始城市土地投入＝18 000

(二) 人口子模型中的参数设定

(14) 农村人口(Rural population)

农村人口是一个系统层次的变量,它是指常驻农村的人口,它的数量由自然出生率、死亡率和农村人口与城市人口之间的流动决定。它的初始值是 1978 年的农村人口数量,$7.901\ 4\times10^8$ 人(《中国统计年鉴》,1979 年)。

农村人口(t)＝农村人口$(t-dt)$＋(城市人口迁入率＋农村人口出生率
－农村人口迁出率－农村人口死亡率)$\times dt$

农村人口初始值＝790 140 000

(15) 城市人口(Urban population)

城市人口在这里指的是居住在城市和集镇的常住人口。除去城市人口的自然增长(即出生人口减去死亡人口),中国城市人口增加的另一个重要来源是农民进城;但是当进入城市的农村人口有相当一部分无法在城市买房供房,没有能力负担子女在城市的教育费用;而同时农村出台的九年免费义务教育、农村合作医疗,甚至给农村结婚的青年提供宅免费基地建房等优惠措施对进城的农村人口产生了吸引力,这个时候就会出现一些进城人口返回农村的现象,所以城市人口由出生率、死亡率、农村人口迁入率和城市人口迁出率共同决定。

城市人口(t)＝城市人口$(t-dt)$＋(农村人口迁入率＋城市人口出生率
－城市人口迁出率－城市人口死亡率)$\times dt$

城市人口初始值＝172 450 000

(16) 城市人口出生率(Urban birth fraction)

从理论上来讲,城市人口与农村人口出生率不同。因为城市生活的物质水平优于农村,这里生活的物质水平包括医疗,公共卫生,卫生条件和工业化所带来的影响(Forrester,1971)。而当生活的物质水平上升的时候,出生率和死亡率都下降了(Forrester,1971)。从1977 年开始,中国开始实施计划生育政策,要求一对汉族夫妇生育一名子女,城市汉族居民人口的夫妇只能生一名子女,只有在某些特殊条件下如夫妻均为独生子女、夫妻一方为少数民族、夫妻自海外归国、再婚夫妇、第一胎为残疾儿、残疾军人或因公致残等允许生育第二个孩子;部分农村地区允许头一胎为女孩的夫妻生育二胎。政策的导向性是城乡出生率存在差异的首要原因。其次,城市青年受教育程度高于农村,婚育年龄较农村晚,也会引起城市出生率的不同。所以在本书中将城市和农村的出生率赋予不同的值。

把《中国统计年鉴》公布的 1978—2010 年间城市出生率数据输入 STELLA,并经过平滑处理后得到的出生率与时间之间的关系图 5 - 11。

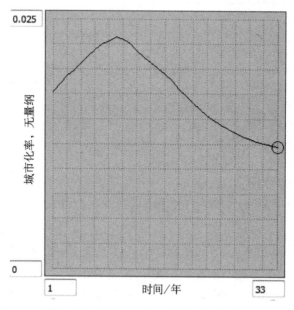

图 5 - 11　城市人口出生率与时间关系图

(17) 城市人口死亡率(Urban death fraction)

在 1978 年改革开放的初始阶段,城乡公共医疗条件差别大,城市拥有相对完善的医疗设施,因此死亡率较农村低;但是当大量农村人口涌入城市之后,城市变得污染严重,污染能够直接影响死亡率。此前研究表明如果污染程度增加 20 倍,死亡率会加倍,如果污染率增加 60 倍,死亡率会增加 10 倍(Forrester, 1971),污染成为城市人口死亡率的上升的原因之一;同时此前因城市人口平均寿命更长引起的城市人口的老龄化也使城市人口达到一定年龄基数之后,死亡率开始逐步增加,因此,城市死亡率与农村相比,将会先低于农村后来高于农村。本书把城市和农村人口分别展开介绍。

把 1978 到 2010 年的城市死亡率数据输入 STELLA 中(数据来源:《中国统计年鉴》,1979—2011 年),并经过平滑处理,得到随时间变化的城市人口死亡率图 5 - 12。

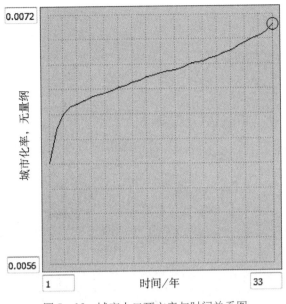

图 5 - 12 城市人口死亡率与时间关系图

（18）农村人口出生率（Rural birth fraction）

1978—2010 年间农村人口出生率如图 5 - 13 所示（数据来源：《中国统计年鉴》，1979—2011），该图对实际数值进行了平滑处理，以减少对整个模型的模拟结果造成的波动。

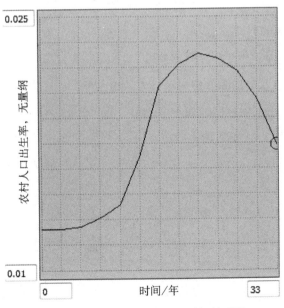

图 5 - 13 农村人口出生率与时间关系图

（19）农村人口死亡率（Rural birth fraction）

1978—2010年间农村人口死亡率如图5-14（数据来源：《中国统计年鉴》，1979—2011年）。这些数据同样经过了平滑处理。

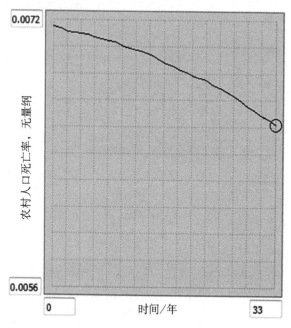

图5-14　农村人口死亡率与时间关系图

（20）农村出生人口（Rural births）

即农村人口与农村人口出生率的乘积。

$$农村出生人口=农村人口出生率×农村人口$$

（21）农村死亡人口（Rural deaths）

即农村人口与农村人口死亡率的乘积。

$$农村死亡人口=农村人口死亡率×农村人口$$

（22）城市出生人口（Urban births）

即城市人口与城市人口出生率的乘积。

$$城市出生人口=城市人口×城市人口出生率$$

（23）城市死亡人口（Urban deaths）

即城市人口与城市人口死亡率的乘积。

$$城市死亡人口＝城市人口×城市人口死亡率$$

(24) 农村向城市迁移的人口(Moving population from rural to urban)

农村向城市地区集中的过程就是城市化的一个体现,称之为人口城市化(许学强等,1996)。1978—2010 年间,中国城市每年新增人口在 655 万到 2 159 万之间,除去城市自然的人口出生和死亡率造成的人口波动,大多数城市新增人口为从农村迁入的人口,这部分迁入人口占当年农村人口的比率从 0.99％到 2.27％不等。这种大规模的人口迁移,帮助农民摆脱了土地的束缚,向城市输送了大量的劳动力资源支撑其经济增长。在这个过程中迁往城市的农村人口数量等于农村人口乘以城市化速度。

$$农村向城市迁移的人口＝农村人口×城市化速度$$

(25) 城市向农村迁移的人口(Moving population from urban to rural)

虽然目前在中国城市化才是主旋律,并且未来一段时间内城市化现象仍然不可逆转,但是必须承认逆城市化的现象也同时存在,在本书的模型中我们用城市人口乘以逆城市化率来表示城市迁往农村的人口数量。

$$城市向农村迁移的人口＝城市人口×逆城市化速度$$

(26) 城市化速度(Urbanization fraction)

农村人口向城市的转移是由一些列因素混合作用的结果(Matuschke, 2009)。城市吸引农村人口的因素包括:城市能够提供更高的工资以及更好的就业机会,尤其是对妇女。另外,城市比农村有更好的公共服务,比如医疗和教育。最后,城市是现代化生活的中心,有很多文化和社会机会可供选择(Overman & Venables, 2005)。还有一些列因素可能成为推动农村人口离开农村的诱因。如 FAO 对非洲地区研究后发现,该地区农村的冲突、疾病和干旱,土地沙漠化,人口压力,对农村的歧视可能是促使人口迁移到城市的诱因(FAO, 2008)。

促使农民进城的最重要原因是城乡之间的经济实力差距,因此本书认为城市化率由城乡收入比决定。城市化速度和城乡收入比之间的关系图见图 5 - 14。当城市收入与农村的比率在 1.5 以下的时候,农民从农村迁往城市的意愿并不是很高,这可以称为"乡土情结",但是当收入比持续增高的时候,农民迁往城市的比率持续上升并居高不下。1978—2010 年期间城乡居民人均收入比在 2～4 之间(参考数据来源:《中国统计年鉴》,2011 年),每年从农村迁往城市的人口约 1 400 万,占农村人口比例的 0.015～0.02,据此得到城乡收入比与农村人口迁出率的关系图 5 - 15。

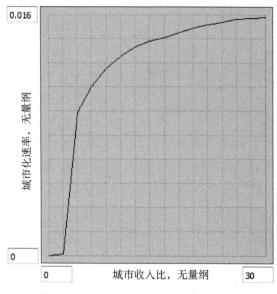

图 5－15 城市化率与城乡收入比关系图

（27）逆城市化速度（Inverse urbanization fraction）

当农村能够提供给农民更好的增收条件，涌向城市的农民很容易返乡，其返回农村的速度也由城乡收入比决定。逆城市化速度与城乡收入比的倒数的关系如图 5－16 所示。当农村人均收入不到城市收入 1 倍的时候，没有城市居民愿意迁往农村。但是如果

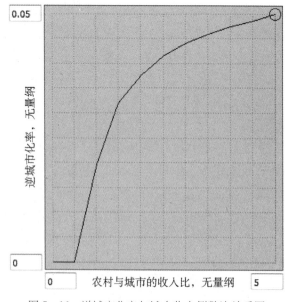

图 5－16 逆城市化率与城乡收入倒数比关系图

农村人均收入为城市人均收入 2~4 倍的时候,却能够带动更大比例的城市人口迁往农村,因为城市的拥堵和污染已经降低了城市的吸引力;所以同等比例的城乡收入比会牵动更高比率的城市人口迁移率。实际情况是,1978—2010 年间,城市人均收入始终高于农村,并没有发生大规模的农民返乡潮。因此现实情况表明人口从中国城市迁往农村的可能性比较小。

（28）**城乡收入比**（Urban rural income ratio）

这项指标反映的是城市和农村的收入差距,它等于城市居民的平均收入与农村居民当年的收入之比(参考数据来源:《中国统计年鉴》,2011)。

城乡收入比＝城市居民平均收入/农村居民平均收入

（29）**农村劳动力**（Rural labor）

中国农村的劳动力是指乡村人口中男性年龄在 16 岁到 59 岁,女性 16 岁到 54 岁有劳动能力的人口。他们的平均受教育年限在 7 年左右,从事与农业生产相关的劳动。这项指标等于农村人口与农村劳动力比率的乘积。

农村劳动力＝农村人口×农村劳动力比率

（30）**农村劳动力比率**（Rural labor fraction）

1978—2010 年间中国农村劳动者在农村人口中的占比如图 5 - 16,从总体来看,农村劳动力占农村人口总量的比例逐步上升,从 1978 年的约 40％上升到 2010 年的 60％。参考《中国人口统计年鉴》(2011 年)的数据之后,经平滑处理得到图 5 - 17。

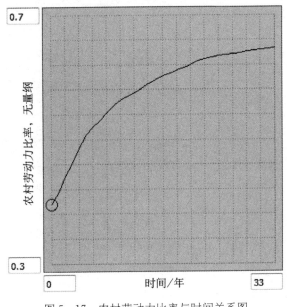

图 5 - 17　农村劳动力比率与时间关系图

（31）城市劳动力（Urban labor）

中国的农村一般是农业和低端加工业等技术要求不高的行业,城市中存在集约化的工业或者服务业。中国城市劳动力的平均受教育年限是 10 年,较长的受教育年限使他们能够胜任工业、服务业等比传统农业要求更高的工作需要。城市中的养老、社会保险等福利制度增加了成为城市劳动力的吸引力。中国的户籍制度给城市人口享有以上各种优先权提供了保障,把农村人口挡在城市的大门外,但是同时却给农村中有能力或者有专长的人尤其是青壮年劳动力开了一道侧门,使这部分人才能够进入城市工作,最终吸引过来的人力资源能够给城市经济的发展注入新鲜并且有质量的活力。城市劳动力的数量等于城市人口与城市劳动力比率的乘积。

$$城市劳动力＝城市人口×城市劳动力比率$$

（32）城市劳动力比率（Urban labor fraction）

1978—2010 年间中国城市劳动者在城市人口中的占比见图 5-18,从总体来看,城市劳动力占城市人口的比例在 0.4～0.6 之间(参考数据来源:《中国人口统计年鉴》,2011年)。这个比例低于农村劳动力在农村人口中的占比。

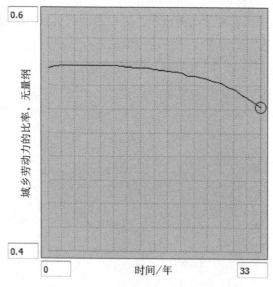

图 5-18　城市劳动力比率与时间关系图

（33）初始的城市劳动力投入（Initial urban labor on non-farming economy）

这项指标是指 1978 年的非农业劳动力数量,有 9 514 万人。

初始的非农业劳动力＝95 140 000 人

(三) 粮食生产子模型的参数设定

(34) 农村人均粮食需求量(Rural food demand per person)

各年份统计年鉴上公布的农村粮食需求量仅包括基本口粮需求,本章的计算把生产禽蛋肉奶以及衣物等需要的粮食数量也折合进粮食需求量里,并在最终成型的模型中根据我国的粮食自给能力与粮食需求量之间的关系进行换算,不断变换人均粮食需求量的数值,得到图 5 - 19。

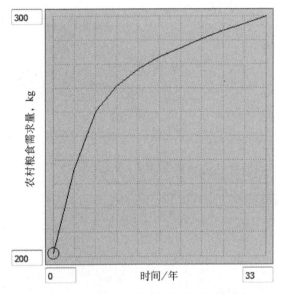

图 5 - 19 农村人均粮食需求量时间关系图

(35) 城市人均粮食需求量(Urban food demand per person)

城市化给农村带来的影响之一是增加的粮食需求量(图 5 - 20),因为城市人口基本口粮少于农村,但是生活水平高于农村,消费更多的禽肉蛋奶等食品,因此城市人均粮食需求量高于农村。

(36) 粮食净进口量(Food net import)

粮食净进口量等于中国每年进口的粮食数量减去出口粮食数量得到的差值,入世之前中国仅进口少量的粮食;但是入世之后,中国粮食进口量激增,现在已经是一个完全的粮食净进口国。粮食进口改变了国内的粮食供需状况,减少了满足国内粮食需求面临的压力;并间接减少了本土农业水资源消耗数量。参考《中国农村统计年鉴》(2011 年)的数

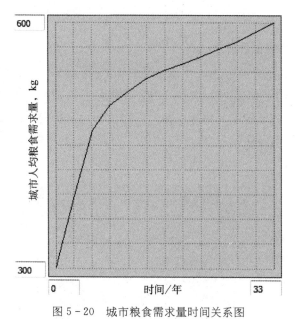

图 5 - 20   城市粮食需求量时间关系图

据,1978—2010 年间中国粮食净进口量见图 5 - 21。

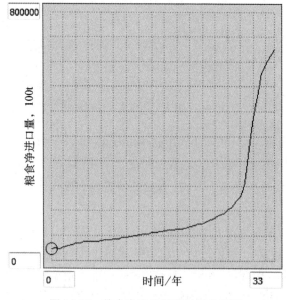

图 5 - 21   粮食净进口量与时间关系图

（37）粮食需求对农业生产率的作用效果（Effect of food demand on agriculture productivity）

粮食的进口会对减缓本国粮食生产的压力（图 5 - 22），影响本国粮食需求以及预期产量的比值，改变本国粮食的供需状况；同时粮食进口也会将有比较优势的农产品引入本土，促使本土产品提高生产率以期在竞争中占据优势。所以，这项指标就是用来描述粮食的进口会对本国粮食的生产率产生什么样的影响。

粮食需求对农业生产率的作用效果＝粮食需求量/（隐含的粮食生产率×耕地面积）

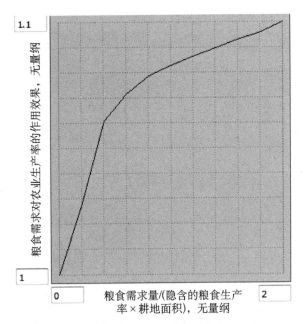

图 5 - 22　粮食需求对农业生产率的作用效果图

（38）隐含的农业生产率（Implied agriculture productivity）

这项指标等于单位耕地面积上的粮食产量与劳动力所隐含的粮食生产率的乘积。

隐含的农业生产率＝单位耕地面积上的粮食产量×劳动力所隐含的粮食生产率

（39）粮食总需求量（Food demand）

粮食总需求量等于农村与城市粮食需求量之和。

$$粮食需求量＝农村人口×农村人均粮食需求量＋城市人口$$
$$×\ 城市人均粮食需求量$$

（40）粮食供需比（Food supply demand ratio）

粮食供需比等于粮食产出与粮食需求之比。

$$粮食供需比＝粮食产量/粮食需求量$$

（41）粮食供需比对粮价的影响效应（Effecto of food supply demand ratio on food price）

这项指标需要作出粮食供需比与粮价的关系,如图5-23所示。

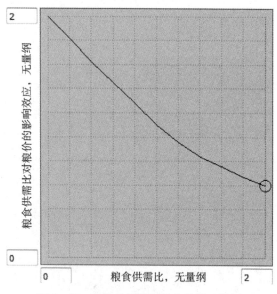

图5-23　粮食供需比对粮价的影响效用

（42）平均粮食价格（Average food price）

这项指标等于标准粮价与粮食供需比的乘积。

$$粮食价格＝标准粮价×粮食供需比$$

（43）标准粮食价格（Normal food price）

这项指标代表考虑通货膨胀因素之后的每年初始的粮食价格,但是这其中没有包括粮食供需比的影响(图5-24)。

（44）平均粮价（Average food price）

这项指标等于标准粮食价格与粮食供需比对粮价的作用效应的乘积。

$$平均粮价＝标准粮食价格×粮食供需比对粮价的影响$$

（45）粮食经济总量（Food crop economy）

这项指标等于平均粮价乘以粮食产量

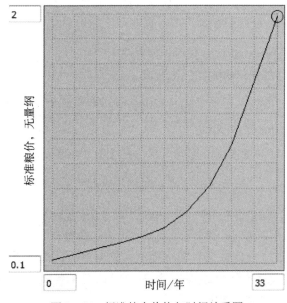

图 5-24 标准粮食价格与时间关系图

$$粮食经济总量＝平均粮价×粮食产量$$

(46) 粮食经济在农业经济总量中的占比（Food economy ratio）

粮食经济在农业经济总量中占比 1/3。

$$粮食经济在农业经济总量中的占比＝1/3$$

(47) 农业经济（Agriculture economy）

这项指标等于粮食经济总量除以粮食经济在农业经济总量中的占比。

$$农业经济＝粮食经济总量/粮食经济在农业经济总量中的占比$$

(48) 初始农业产出（Initial agricultural yield）

这项指标是指在 1978 年的农业投资和农业水资源消费水平下，每平方公里土地上产出的粮食质量，为 306 643 kg/km^2。

$$初始的农业产出＝306\ 643$$

(49) 农业产出（Agricultural yield）

农业产出是指实际的单位面积粮食产量，等于初始的单位耕地面积产出值与水资源和土地资源对产出的效应之积。

农业产出＝初始农业产出×农业土地投资对农业产出的作用效应

× 延迟的农业丰水对农业产出的效应

（50）**农业生产率**（Agriculture productivity）

这项指标是单位耕地面积的粮食产量，反映了劳动力、土地和水资源对农业产出的影响。

农业生产率＝农业产出×隐含的农业生产率

（51）**粮食产出**（Food output）

这项指标等于单位耕地面积的粮食产量与耕地数量的乘积。

粮食产出＝耕地面积×农业生产率

（52）**粮食总消费量**（Food total consumption）

城市化直接对我国的粮食消费总量产生了影响，而粮食的总消费量既包括本土生产，也包括进口。当进口粮食量在我国粮食消费总量中约占 10% 的时候，仅仅考虑城市化与本土粮食产量的关系无法反映现实情况。所以，我们设置粮食总消费量这个参数，用以说明城市化对粮食消费的影响。

粮食总消费量＝粮食产出＋粮食进口量

（四）非农业经济子模型中的参数设定

（53）**农业投资**（Agricultural investment）

用于农业的投资是影响粮食产量的最主要因素。资本投资不仅仅指农业机械，它包括化肥、灌溉设施，食物加工和流通体系。当没有资本投入时，食物的生产也是可能的，它只是需要更多的劳动力，但是却使粮食的生产率降到只有现今水平的 50%。但是当资本投入高到一定程度的时候，它对于粮食产量的影响就会减小（Forrester，1971）。

中国的农业投资可以分为国家财政拨款和信贷资金、合作经济的积累（包括社员用于农业基本建设的劳动积累）以及农民个人投资 3 类，间或有国外资金的注入。国家财政拨款用于农、林、牧、渔业和水利的基础建设投资，还包括国营农业企业新增的固定资产资金（不列入基本建设的技术改进措施费用）和流动资金拨款，农业各部门的事业费拨款，支援农村拨款以及用于科学研究、技术推广和农业教育的拨款等。农业信贷大部分用作维持简单再生产的流动资金，一部分用于扩大再生产的固定资金和新增流动资金。农村合作经济的公共积累一般用于合作经济独立进行的规模较小的农业基本建设费用以及固定资产购置。其中的国家财政拨款占比最大。

我国农业经济产值占国民经济总量的 10%，非农业经济占 90%，用在农业的投资在国民经济投资总量中仅占 4%～6%,所以我国的农业以较少的投资产出了较大的产值。

$$农业投资＝经济总量×农业投资比例$$

(54) **经济总量**(Total economy)

经济总量由农业经济和非农业经济两部分组成,分别代表第一产业和第二、三产业。

$$经济总量＝农业经济量＋非农业经济量$$

(55) **农业投资比例**(Agricultural investment ratio)

1978—2010 年期间中国农业投资额在国民经济总量中的比重从 0.001 逐步上升到约 0.02(《中国固定资产投资年鉴》(2002—2011 年)和《中国统计年鉴》(1979—2011 年),这与国家生产的社会剩余资本逐渐增多有关。由于缺少 1978—1989 年间的农业固定资产投资数据,本章利用 1990—2010 年间农业固定资产投资在国民经济生产总量中的比例进行趋势外推,得到 1978—2010 年间农业投资比例与时间的关系图 5 - 25。

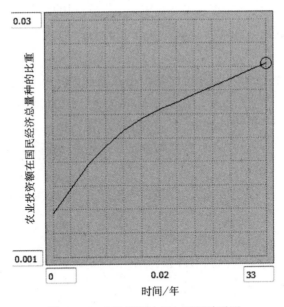

图 5 - 25　农业投资比例与时间关系图

(56) **用于土地的农业投资**(Agricultural investment on land)

土地是农业生产的重要生产要素,投资在土地上的资本例如改良土壤性能等,其目的在于增加农业产量,提高农业生产率。这部分投资与用作水利的农业投资一起,构成了农业投资最重要的部分。它等于农业投资总量与用作土地的农业投资比率的乘积。

$$用于土地的农业投资＝农业投资×农业投资在土地投资中的比例$$

(57) **农业土地投资在农业投资中的比例**(Agricultural investment on land ratio)

农业土地和农业水利是农业中最重要的两样投资,在这里把农业土地投资比例设定为0.5。

$$农业土地投资在农业投资中的比例＝0.5$$

(58) **单位土地面积的农业投资**(Agriculture investment per land)

该项指标等于农业投资额比上耕地面积。

$$单位面积上的农业投资＝用于土地的农业投资/耕地面积$$

(59) **初始农业单位面积土地投资**(Initial agriculture investment per land)

由于查找的第一产业固定资产投资额是从1996年开始的,这一年单位耕地面积上的农业土地投资是。我们运用趋势外推法以得到基准年1978年的数据,在这一年单位土地面积上的农业投资是10 000 元/km^2。

$$初始农业单位面积土地投资＝10 000$$

(60) **农业土地投资带来的年度农业劳动力需求减少比例**(Yearly percent decrease in agriculture labor requirement)

农业机械、农业科技和设备支出可以改善农业生产条件、降低劳动强度(梁永、孔荣,2011)。当没有资本投入时,食物的生产也是可能的,但是需要更多的劳动力(Forrester, 1971);随着投资的增加,使用劳动力的数量迅速减少。只是资本的投资带来的效用不可能无限制地增加;当投资增加到一定程度的时候,使用劳动力降低的速度明显放缓。

农业土地投资对农业劳动力的影响是由单位面积土地上实际农业支出与理想农业投资的比决定的,当实际值相对于理想值较低的时候,单位土地上需要较多的劳动力;随着投资比例的增加,需要劳动力的数量减少,土地上会积累剩余劳动力,最终这些劳动力就需要从土地上解放出来,涌入城市寻找新的工作机会,这恰好解释了中国的城市化发生的原因。农业投资与劳动力需求的关系如图5-26所示。

(61) **单位耕地面积劳动力需求量**(Agriculture labor requirement)

这项指标是指1978年单位面积土地上的劳动力需求数量。1978年中国农村社会劳动者数量是3.06亿人,耕地面积9.94×10^5 km^2,因此单位耕地上的劳动力数量约为310人/km^2。而1978年中国土地有大量的劳动力剩余,考虑到这一因素,1978年实际需要的劳动力数目小于310人,在这里设定为250人。

$$单位耕地面积上的劳动力需求量初始值＝250$$

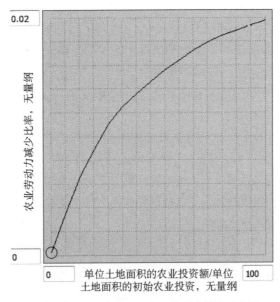

图 5-26　农业土地投资与劳动力减少比例

（62）农业劳动力需求量的减少值（Agriculture labor requirement adjustment）

这项指标是指由于农业土地投资带来的年度农业劳动力需求减少比例与单位耕地面积劳动力需求量的乘积。

农业劳动力需求量的减少值＝农业土地投资带来的年度农业劳动力需求减少比例
× 单位耕地面积劳动力需求量

（63）农业劳动力需求调整时间（Agriculture labor requirement adjustment time）
在这里把农业劳动力需求调整时间定为 1 年。

农业劳动力需求调整时间(年)＝1

（64）单位面积土地上的劳动力供应量（Laborper arable land）

这项指标等于中国实际的劳动力数量与当年的耕地面积之比,代表了农村的人力资源供应潜力。

单位面积土地上的劳动力供应量＝农村劳动力/耕地面积

（65）农业劳动力的可获得性（Agriculture labor availability）

农业劳动力的可获性是指单位面积土地上的劳动力供应量与单位土地面积上的劳动力需求量之比。这是一个不断变化的量。我国的农业模式是传统的精耕细作,从 20世纪 90 年代起,大量农村人口涌入城市,越来越多的村庄里只有老人和孩子们留守,壮年劳动力的流失使农业生产从精耕细作转变成了粗放经营,未来农村和城市之间的劳动力竞争也会改变农业劳动力的可获得性。

　　　　农业劳动力的可获得性＝单位面积耕地上的劳动力供应量/单位耕地面积上的
　　　　　　　　　　　　　　劳动力需求

　　(66) **农业劳动的可获得性在粮食产出中的作用**(Effect of agriculture availability on food output)

　　粮食生产率首先随着农业劳动可获得性的增加而增加,但是当有过多的劳动力时,将会产生劳动力的剩余,生产率并不会因而随着增加,将保持一个定值,不再增加。这与中国大规模城市化之前的情况一致,当时有大量的农村剩余劳动力,但是农业生产效率并不高。当劳动力的作用达到峰值时,需要增加农业机械化和现代化程度来增加农业产出。见图5－27。

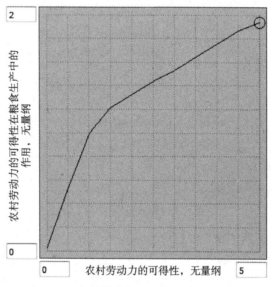

图5－27　农村劳动力的可获得性与粮食产出

　　(67) **农业投资对产出的效应**(Effect of agriculture investment on yield)

　　实践经验表明,农田水利、农业机械、农业科技和设备支出可以改善农业生产条件、降低劳动强度、提高农业生产率(孔荣、梁永,2011)。这项指标衡量了农业投资对农业产出的影响(图5－28)。

　　(68) **农业投资对产出的效应调整**(Effect of agriculture investment on yield adjustment)

　　这项指标是由于农业投资的作用不能立刻显现,因此是在原始投资进行的调整。

　　　农业投资对产出的效用调整＝(农业投资对产出的效用－农业投资对产出的

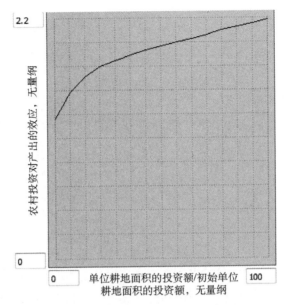

图 5 - 28　农业投资对产出的作用效应

延迟效用)/农业投资对产出效用的调整时间

（69）农业投资对产出效用的调整时间（Adjustment time of effect ot agriculture investment on yield）

这项指标在这里取 1，即 1 年后，农业投资能够对农业生产发挥作用。

农业投资对产出效用的调整时间＝1

（70）农业投资对产出的延迟效应（Delayed effect of agriculture investment on yield）

这是一个原变量，描绘了农业投资促使产出效应的改变，其初始值为 1。

农业投资对产出的延迟效应初始值＝1

（71）农业土地投资对农业产出的作用效应（Effect of agriculture investment on yield）

农业土地上的投资可以用于购置种子、农机具等。农业土地投资对增加农业产出的效应和实际农业投资与正常农业投资的比值相关。当比值较小时，单位土地上有产出但是产出值很小；随着比值的增加产出值增加，但是当投资值高到一定程度的时候，产出因此增加的效果不再明显，资本投资的效果需要劳动力和自然资源来补充（图 5－29）。

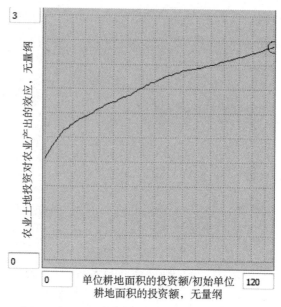

图 5-29　农业土地投资对农业产出的作用效应

（72）农业水利投资（Agricultural investment on irrigation）

根据我国不同地区农作物对灌溉排水的要求，可以把全国分为 3 个不同的地带，即多年平均年降水量少于 400 mm 的常年灌溉地带，年平均降水量大于 400 mm、小于 1 000 mm 的不稳定灌溉地带，和年平均降水量大于 1 000 mm 的水稻灌溉地带。我国年降水量 400 mm 的等深线，从东北到西南，斜穿整个大陆。这条线西北的国土，包括西北内陆和黄河上游的部分地区，约占全国国土面积 45% 的国土面积，处于干旱和半干旱区，雨水的缺乏使这个地区发展农业必须依靠常年灌溉（钱正英，2012）。年降水量在 400 mm 到 1 000 mm 之间的黄淮海地区和东北地区，由于受季风的强烈影响，降水的时空变化很大，在干旱的年份也需要灌溉来保障农业生产。年降水量在 1 000 mm 以上的长江中下游地区，珠江、闽江地区及西南部分地区是水稻的主产区，降雨量丰富，但是降水的年际和季节分布不均，在缺水的季节也只能靠灌溉补充水稻所需要的水。

为了满足缺水地区以及旱季时的用水需求，中国把水利设备投资作为农业投资的重点之一，它包括两部分：农村饮用水安全工程和农业灌溉设施建设，进一步可以细分为水库、调水工程、灌溉设备及输送管道等。水利投资对我国的水利建设存在良性的作用，受水利设施投资的拉动，1978 年到 2010 年间，我国的有效灌溉面积从 4.50×10^5 km² 增加到了 6.12×10^5 km²。但是同时也存在资金投入不充分和不稳定的状况，我国的最优水利投资应当占到国家 GDP 比重的 0.79% - 0.84%,但是在我国这一比例仅有 0.37%~0.62%(吴丽萍,等,2011)。

同时,从 2010 年到 2030 年的 20 年间,将继续把提高耕地灌溉率作为实施水资源规划的任务之一。《全国水资源综合规划(2010—2030)》提出到 2020 年时将农田灌溉水有效利用系数从 2010 年的 0.49 提高到 0.55,2030 年达到 0.60。这意味着未来中国将继续增加在农村水利中的投资。

而当前的城市化将是增加农业水利投资的契机。《2011 年中央一号文件》中规定 2011—2020 年的 10 年间将新增 4 万亿元水利投资,其来源是城市化过程中的农村土地出让金收益的 10%;因此城市化进程与农业水利投资直接发生了关联。

$$农业水利投资 = 农业投资总量 × 农业水利投资占农业投资的比率$$

(73) 农业水利投资占农业投资的比率(Agricultural investment on irrigation ratio)

这项指标在这里取值 0.5。即投在土地上的资金与投在水利上的资金对等。

(74) 单位土地面积的农业水利投资(Agricultural investment per land)

这项指标等于农业水利投资与耕地面积的比。

$$单位耕地面积的农业水利投资 = 农业水利投资/耕地面积$$

(75) 单位耕地面积上的标准农业水利投资(Initial agriculture investment on irrigation per land)

用于农业水利的投资,有一部分要用作水利设施的维护,除此之外才能够算作购买水利设备的花费。需要特别说明的是这部分花费是用在耕地上的,而不是所有的土地上。由于缺少农业水利投资上的直接数据,我们以 1978 年我国用在农业上的投资乘以 0.5,得到该年份的灌溉投资约为 100 亿元人民币,除以耕地面积 $9.94 × 10^5 \text{km}^2$,每平方公里上耕地的灌溉投资折合 10 000 元。

$$正常的农业灌溉投资 = 10\ 000$$

(76) 农业水利投资比对农业灌溉的效应(Effect of agriculture investment on irrigation)

这里的农业水利投资对农业灌溉的效应就是指在投入到水利中的资金能够带来的灌溉面积增加效应。

实际农业水利投资与正常农业水利投资达到 1 的时候,对农业灌溉面积增加的效应等于 1,即能够增加农业灌溉面积的数量与 1978 年的水平相当。从整体上看,农业水利投资与 1978 年的值之比的增加,能够带动农业灌溉面积的增加,因此其对农业灌溉的效应的函数是增函数(图 5 - 30)。

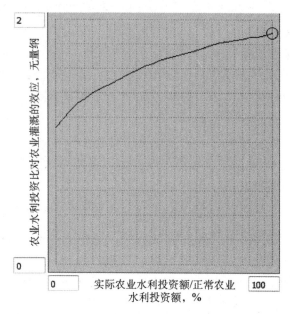

图 5-30　实际农业水利投资与标准农业水利投资之比
　　　　和农业灌溉效应

（77）初始灌溉耕地面积（Initial irrigation land）

这项指标是指 1978 年的灌溉面积，其值为 $4.50\times10^5\,km^2$。

（78）隐含的灌溉耕地面积（Implied agriculture investment on irrigation）

这项指标反映了农业水利投资对于增加农业灌溉比率的作用。以初始灌溉面积与农业投资对灌溉的影响效果的乘积为横坐标，以在投资影响下的灌溉面积为纵坐标，最终得到图 5-31。

（79）农业灌溉调整值（Irrigation land adjustment）

这是代表的农业灌溉能够转变成为实际农田灌溉的延时。

农业灌溉调整值＝（农业投资隐含的灌溉面积－灌溉面积）/灌溉面积调整时间

（80）农业灌溉调整时间（Irrigation land adjustment time）

农业投资转变成为实际的灌溉设备和能得到灌溉的耕地面积需要时间，这项指标反映了作用时间的延时。在这里假定投资需要 1 年的时间才能对提高农业灌溉率起到作用。

农业灌溉调整时间＝1

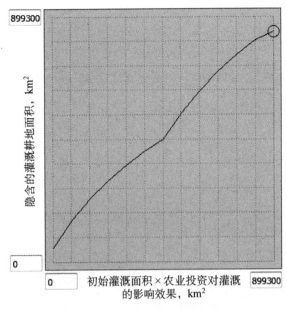

图 5 - 31　隐含的农业灌溉面积

（81）耕地灌溉面积（Irrigation arable land）

耕地灌溉面积是指被灌溉的耕地面积数量。初始值是 1978 年全国灌溉耕地面积 $4.50 \times 10^5 \, \text{km}^2$。

$$初始灌溉耕地面积 = 4.50 \times 10^5 \, \text{km}^2$$

（82）耕地灌溉比率（Irrigation ratio）

耕地灌溉比率是灌溉耕地面积在耕地总面积中所占的比率。

$$耕地灌溉比率 = 灌溉耕地面积/耕地面积$$

（83）非农业经济产出（Non-farming economy output）

非农业经济产出是指第二、三产业的经济产出值,它的初始值是 1978 年的非农业经济产出值,2 618 亿元人民币。

$$非农业经济产出初始值 = 261\ 800\ 000\ 000$$

（84）非农业经济发展（Non-farming economy development）

这项指标代表了从生产要素所代表的生产力转换成为实际生产力所需要的延时。

$$非农业经济发展 = (隐含的非农业经济值 - 非农业经济产出)/非农业经济$$
$$发展调整时间$$

（85）非农业经济发展调整时间（Non-farmin economy adjust time）

这项指标的值取 1。

$$非农业经济发展调整时间＝1$$

（86）隐含的非农业经济产出（Implied non-farming economy output）

这项指标代表了投入的资本、劳动力和土地等要素所能够产出的经济产值，它等于前 3 项要素投入的产出值的乘积。

$$隐含的非农业经济产出＝非农业经济投资的效应×城市劳动力产出的效应$$
$$×\ 城市土地产出的效应$$

（87）非农业经济投资的效应（Non-farming economy investment effect）

这项指标是指非农业投资带来的经济产出，其关系如图 5－32 所示。

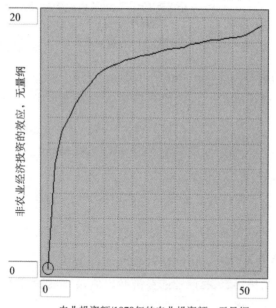

图 5－32　非农业经济投资的经济产出效应

（88）非农业经济投资（Non-farming economy investment）

这项指标由非农业经济产出决定，约占经济产出量的 20%。

$$非农业经济投资＝非农业经济产出量×0.2$$

（89）初始的非农业经济产出（Initial non-farming economy output）

这项指标是指 1978 年的非农业经济产出额，它同非农业经济产出"源"变量的初始值是同一个数值，为 2 618 亿元人民币。

初始的非农业经济产出＝261 800 000 000

（90）城市劳动力投入对非农业经济的影响（Urban labor effect on nonfarming economy）

这项指标是指城市劳动力投入带来的经济产出，其关系如图 5-33 所示。

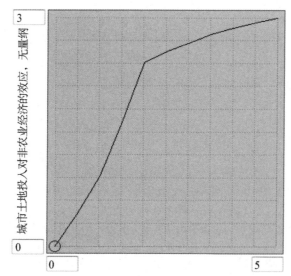

城市非农业经济劳动力投入量/初始城市非农业劳动力投入量，无量纲

图 5-33　城市劳动力投入的效应

（五）水资源子模型的参数设定

（91）单位粮食需水量（Water per food）

此前研究表明，中国 1998—2007 年间的单位粮食产量的平均水资源消耗为 0.84 m³/kg（李保国、彭世琪，2009）。在本书第 3 章的计算中，我们得出 1978—2010 年间中国 5 种主要粮食作物——水稻、小麦、玉米、大豆和高粱的单位产量平均水资源消耗量从 1978 年的 1.994 m³/kg 变动到 2010 年的 1.055 m³/kg，与李保国的研究结论基本吻合。这两项研究中的所指的水资源包括雨水和灌溉用水。在全国主要粮食作物的生产中，灌溉水贡献率平均在 40% 左右，降水贡献率平均在 60% 左右（李保国、彭世琪，2009）[1]；因此本模型中的粮食需水量包括雨水和灌溉用水。当灌溉设备极度稀缺的时候，灌溉效率低下，

需要大量的水满足作物种植,我们假定需要水资源的生产力为 3 m³/kg;随着灌溉耕地面积的增加,种植的作物能够得到灌溉的比例增加,使水资源生产力提升。

基于以上研究,本章我们设定的单位产量作物所需要的总的水资源量是从 1978 年的 2 m³/kg 转变为 1 m³/kg。单位粮食产量的用水量与灌溉面积的关系见图 5-34。

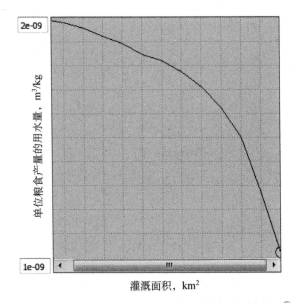

图 5-34 单位产量粮食需水量与灌溉耕地面积关系图[①]

(92) 粮食种植灌溉需水量(Food crop irrigation water demand)

灌溉需水量为粮食种植需水总量的 40%。

$$粮食种植灌溉需水量＝粮食产量×单位粮食产量需水量×0.4$$

(93) 粮食种植雨水需求量(Food crop rainfall demand)

此前研究表明中国粮食消耗的水资源约 60% 来自雨水(李保国,彭世琪,2009)。本书把种植粮食所需要的水资源量分成灌溉需水和雨水两种,当每年的有效降水量不能满足农作物种植需求的时候,就要用灌溉用水来代替。

$$粮食种植雨水需求量＝粮食产量×单位粮食产量需水量×0.6$$

(94) 农业需水量(Agriculture water demand)

粮食种植所需要的水资源量仅是农业需水量的一部分,约 0.8,除此之外农业中的畜牧

---

① 资料来源:李保国,彭世琪. 1998—2007 年中国农业用水报告.北京:中国农业出版社,2009.

业、渔业和林业也需要水资源。所以农业需水量等于粮食种植消耗的水资源量除以0.8。

农业需水量 =(粮食种植灌溉需水量+粮食种植雨水需水量)/0.8

（95）**农业丰水系数**（Agriculture water sufficient index）

这项指标用来衡量农业用水需求与农业供水量之间的关系,是农业供水量与农业需水量之比。中国水资源稀缺而用水量不断上升,虽然兴建水利工程能够增加供水量,但是跟不上用水数量增加的速度。缺水在农业中越来越普遍。

农业丰水系数=农业供水量/农业缺水量

（96）**农业丰水对农业产出的效应**（Effect of water sufficient on yield）

缺水会导致粮食减产。以农业丰水系数为横坐标,以粮食产出为纵坐标,见图5-35。当农业丰水系数不足1的时候,对粮食生产的拉动作用不足1;当丰水系数大于1的时候,有更多的水可供使用,对粮食生产有一定程度的促进作用(图5-35)。

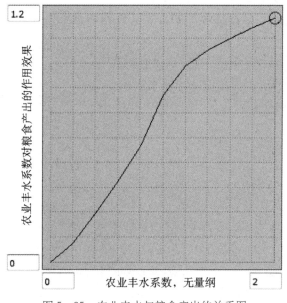

图5-35　农业丰水与粮食产出的关系图

（97）**农业丰水对农业产出效应的调整**（Effect of water sufficient on yield adjustment）

这项指标代表了农业丰水对农业产出效应的延时。

农业丰水对农业产出效应的调整=(农业丰水对农业产出的效应-延迟的农业
丰水对农业产出的效应)/农业丰水对农业

产出效应的调整时间

（98）**延迟的农业丰水对农业产出的效应**（Delayed effect of water sufficient on agriculture yield）

这项指标是指农业丰水对农业产出的实际效应，因为农业水资源的供应需要一定的时间才能作用于产出。

延迟的农业丰水对农业产出的效应初始值＝1

（99）**农业丰水对农业产出效应的调整时间**（Adjustment time for the effect of water deficit on yield）

因为农业用水的效应在当年就能够反映出来；但是较短期的灌溉水短缺存在恰巧由降水补充的可能性，所以农业缺水的效用也可能无法立即显现；所以调整时间在 0—1 之间，这项指标我们为其赋值 0.25。

农业丰水对农业产出效应的调整时间＝0.25

（100）**取水供水量**（Water withdraw）

取水供水量是指每年水利设备能够从地表水和地下水中取得的水资源数量。我国北方地区以地下水为主，南方地区以地表水为主（《中国水资源公报》，2010 年），两种水源都需要通过取水设备将水资源取出来，年度取水量 1986 年约为 3 000 亿 m³，2010 年约为 6 000 亿 m³（参考数据来源：《中国统计年鉴》，1987 和 2011 年），推断 1978 年取水量为 2000 亿 m³，折合 200 km³。

取水供水量初始值＝200

（101）**农业投资对取水能力的效应**（Effect of agriculture investment on water withdrawal）

这项指标代表了某一年份相对于标准年（1978 年）的农业投资之比在增加供水能力上的效应。农业供水能力取决于兴建水库数量、灌溉设施的购买等因素，增加供水能力效应综合了以上各项（图 5-36）。

当投资对取水的效应为 1 的时候，这时候取水能力相当于即 1978 年的水平，即 2 000 亿 m³，随着农业水利投资的增加，在农业供水能力增加中的效应也越大，当这个效应增长到 1978 年的 3 倍的时候，会渐渐慢下来趋向平缓值。

（102）**取水能力增加值**（Water withdrawal capacity ability addition）

取水能力增加值是标准取水能力增加值与农业水利投资对取水能力的效应的乘积。由于 1978—2010 年间中国的水利投资额是递增的，因此取水能力增加值也在不停增加，这个增加的数目就是上述两项的乘积。

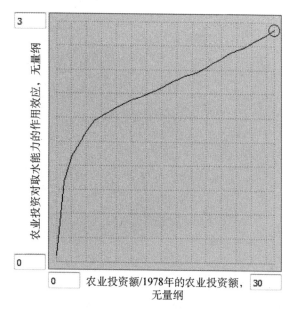

图 5-36　农业投资与 1978 年的农业投资之比与增加
供水能力的效应

$$取水能力增加值＝初始取水能力增加值×农业投资对取水能力的效应$$
$$×\ 水利设施使用产生的效用$$

(103) 初始取水能力增加值(Initial water withdrawal capacity addition)

这项指标是 1978 年中国增加的取水量的数值,它理论上等于 1978 年的供水量减去 1977 年的供水量所得到的差值,但是由于无法查找这两年的供水量数据,我们需要根据其他年份的供水量来推断 1978 年的供水量增加量约为 80 亿 m³,即 8 km³(参考数据来源:《中国统计年鉴》,1979—2011 年)。

$$初始取水能力增加值＝8$$

(104) 水利设施的使用产生的效用(Effect of withdrawl utilization)

这项指标的含义是投资水利带来取水能力增加,但是收到中国自身地表水和地下水条件的限制,中国每年都有一个最大的地表水和地下水供应能力,超出这个最大供水量,中国的水资源将无法完成自我修复,将导致河流干涸和地下水沉降。所以,在未达到中国的最大取水量时,水利设施的使用能够达到增加农业供水量的效用;但是越接近这个最大供水量,对农业供水量的增加效用越小,见图 5-37。

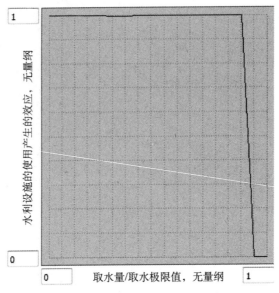

图 5 - 37 水利设施的使用产生的效用图

（105）取水能力极限值（Water withdrawl limit）

中国最大的取水能力＝850 km³/年

（106）总需水量（Total water demand）

总需水量是指农业经济、非农业经济以及居民生活需水量之和。

总需水量＝农业需水量＋工业需水量＋居民生活需水量

（107）有效降水量（Effective rainfall）

有效降水量是指能够被农作物吸收的降水数量,在统计年鉴中能够查找到 2003 年之后的降水量为 650 mm,乘以全国的耕地面积之后,全国的降水量约为 6 500 亿 m³。根据对 1978—2010 年间中国主要粮食作物水足迹值的计算,占全国农业耗水量 72％的 5 种主要粮食作物水稻、小麦、玉米、大豆和高粱年均吸收的降水数量接近 4 000 亿 m³,据此初步估计中国每年能被所有农作物吸收的有效降水量至少为 4 000 亿 m³;这部分水资源不被包括在每年水资源消耗的统计值中,但是却能够为作物生长提供所需要的水分。因此,我们保守估算农业有效降水量为 4 000 亿 m³,折合 400 km³。可以在稍后的调试阶段通过不停调试得到有效降水量更确切的数值。

有效降水量＝400

（108）**非农业经济需水量**（Non-farming economy water demand）

落入（汇入）一个国家的降水量，只有经过地面和地表层储存后，才能变成能够连续供水的水资源。根据地表和地层贮水的方式差别，水资源分为 4 种类型：①河川径流和地下水补给；②土壤水；③蒸发量；④各地区河流的过境水。

只有河川径流和地下水补给能够经由人类贮存、转运和分配给用户，工业生产与人们生活只能使用这一部分水资源，这也与能够被官方统计的水资源同源。非农业经济水量等于非农业经济产出与单位经济产出所需水量的乘积。

非农业经济需水量＝非农业经济产出×单位非农业经济产出所需水量

（109）**居民生活用水量**（Domestic water demand）

《中华人民共和国水法》规定："开发利用水资源应当首先满足城乡居民生活用水，统筹兼顾农业、工业用水和航道需要。"所以居民生活用水有优先使用权，其次才是工业需要，最后考虑农业用水。城市和农村居民生活水平生活需水量不一样，所以这里把两者分开来计算。

居民生活用水量＝城市居民生活用水量＋农村居民生活用水量

（110）**农村居民生活用水**（Rural domestic water demand）

这项指标等于农村居民每人年均需水量与农村人口的乘积。

农村居民用水量＝农村人口×农村居民人均年度需水量

（111）**农村居民人均年需水量**（Rural water demand per person）

我国农村的人均水资源使用量存在地区差异，在这里农村居民人均年需水量取全国平均值，是个常数，数值是 $3×10^{-8}$ km³。

农村居民人均用水量＝3e−08

（112）**城市居民生活用水**（Urban domestic water demand）

这项指标等于城市居民年均用水量与城市人口的乘积。

城市居民用水量＝城市人口×城市居民人均用水量

（113）**城市居民人均年需水量**（Urban water demand per person）

这项指标是个常数，数值是 $8.5×10^{-8}$ km³。城市居民使用洗碗机、抽水马桶、汽车等需要耗费水资源的消费品，因此其人均用水量高于农村。

城市居民人均用水量＝8.5e−08

（114）**农业灌溉水资源供水量**（Agricultural irrigation water supply）

单从农业供水的要求一个维度来看，农业供水的地区差别大，随着温度、雨量、土壤、作物种类和供水条件的不同而有较大的变化；而且季节性强，时间要求严格。在作物生长蓄水期间，灌溉不及时就会影响作物产量，甚至会造成作物枯萎死亡，所以在干旱的季节为了满足作物生长需要,会涉及到灌区之间、上下游之间的调水。

供农业使用的水同供工业和生活用水不同。首先,不仅灌溉用水可以供农业使用,降水也可能被农业利用,即农业用水的来源更宽;其次,供给农业的水是在满足工业和生活所需之后,即农业用水没有优先权。所以,供应农业使用的水量等于雨水总量与灌溉水资源总供应量减去当年的工业和生活需水量。由于我们已经单独列出了农业雨水量,所以在这里的特指灌溉用水量的供应。

农业灌溉水资源供应量=灌溉供水-非农业经济耗水-居民生活用水

(115)农业水资源生产率(Agriculture water productivity)

这项指标等于农业产出值与农业耗水量的比。

单位农业用水的经济产出=农业用水的经济产出/农业用水量

5.1　5.2　5.3　**5.4**　5.5

5.4　模拟结果与分析

5.4.1　城市化中各因素对农业用水的驱动作用

首先介绍城市化中的从农村到城市的人口迁移、农村土地到城市土地的变更、城市经济增长所带来的农业投资增加等因素的变化所引起的农业用水量的变动。系统动力学进行政策分析的方法——敏感性分析法是这部分将采用的方法。敏感性分析方法是将提及的上述各个反映城市化进程的变量设置为零或者常数,得到极限值情况下的农业用水量的数据,得到的结果与参数按照实际情况设置得到的农业用水量数据进行对比,可以考量这些数据的变动给最终结果带来的影响。

5.4.1.1　人口迁移的驱动效果

中国每年从农村迁往城市的人口约在1 000万,这些迁移的人口为城市经济注入了活力,但是却意味着农村劳动力资源的流失;因此对城市和农村经济的发展分别有促进和抑制作用。如果没有城市化的进程,即将本章所建立的模型中的从农村迁往城市的人口数量变成常数0,那么将给农业用水带来什么样的变化?图5-38和图5-39分别展示了城市化进程下以及无人口迁移时农业用水各项指标的模拟结果。

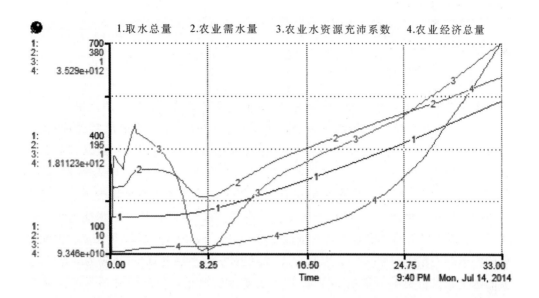

图 5 - 38　城市化进程下农业用水各指标模拟结果(1978—2010 年)①

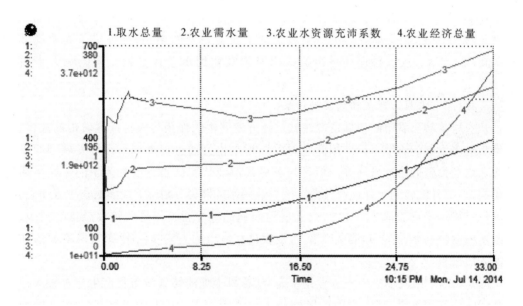

图 5 - 39　无农村人口迁移时农业用水各指标模拟结果(1978—2010 年)②

　　① 横坐标是以 1978 年为起始年,2010 年为终止年的各个年份的年份坐标(取值范围:1978—2010 年)。纵坐标为农业用水量,单位为立方米。图中 1~4 依次代表取水总量(100~700 km³)、农业需水量(10~380 km³)、农业水资源充沛系数(0.469~1.131)和农业经济总量(1×10¹¹~3.7×10¹² 元)。

　　② 横坐标是以 1978 年为起始年,2010 年为终止年的各个年份的年份坐标(取值范围:1978—2010 年)。图中 1~4 依次代表取水总量(取值范围:100~700 km³)、农业需水量(取值范围:10~380 km³)、农业水资源充沛系数(取值范围:0.668~1.185)和农业经济总量(取值范围:1×10¹¹~3.7×10¹² 元)。

取消从农村到城市的人口迁移之后,最先发生改变的是居民用水消耗量,相比存在农村向城市人口迁移的情景减少了约 27.6%,2010 年的居民生活用水需求量从76.7 km³ 降低到 55.5 km³。由于城市人口资本的减少,城市经济增长放缓,因此非农业经济需水量也减少了约 77%;2010 年的非农业用水量从 145.83 km³ 降低到 33.5 km³。所以,若农村人口不迁出农村,那么与农业用水存在竞争的用水需求减少了。但是非农业经济因此增长缓慢,并导致农业水利投资的不足,所以全国整体的取水能力相比同期减少了,到 2010 年时取水总能力由此前的 582.47 km³ 减少到了 430.96 km³。由此导致农业的供水能力相比同期减少了约 5.1%。农业需水量小幅度减少,降幅为 3.9%,最终农业的水资源供应充沛系数提高了 1.4%,改变幅度很小。与此同时粮食产出减少了8.1%,农业经济总量下降了 8.3%。

根据研究结果我们得出如下结论:城市化中农村人口的迁移造成了农业用水需求量的小幅度增加,但是由于这部分人口起到了增加经济总量的作用,没有因此加剧农业水资源的稀缺;相反却借助经济发展带动了农业投资的增长,并促进了农业经济产出的提高。因此,从农村迁往城市的人口对于农业用水总体来说正向影响大于负向作用。

5.4.1.2 农村土地流转的驱动效果

从农村流转到城市的土地资源在城市经济发展中的作用与农村迁往城市的人口,都是城市经济发展的驱动力量。因此它对农业用水也会通过促进城市经济发展因而带动的农业水利投资的增加来回馈。但是与农村人口迁移到城市需要更大量的居民生活用水不同,这部分流转的土地还有其他影响农业用水的路径:相对于我国的农村劳动力,我国的农村耕地是更加稀缺的资源,农业耕地面积的减少将直接导致粮食总量的减少,因而改变粮食供需比,并影响粮食价格,改变农村和城市的人均收入比,波及从农村迁往城市的人口规模。

因此,可以预测的是,对于农业用水而言,农村土地流转到城市将产生与农村人口的迁移不同的作用效果,其最主要的区别是人口的流动引起的是农业水资源需求量的变化,而土地流转引起了农业水资源供应量的变动。如图 5-40 描述了取消农村土地流转到城市时的农业用水状况。

如果农村土地停止流转到城市,耕地数量 2000 年达到我们所设定的 18 亿亩耕地量的上限值;限制农村土地流转向城市,农村耕地会提前在 1996 年时达到极限值。城市经济增长失去了土地动力的支撑,速度放缓,2010 年时经济总量为 1.95×10^{13} 元,相对于此前减少了 44.6%;农业经济没有受到太大波及,基本与此前持平;这是因为尽管如果没有土地流转,耕地数量将增加,但是耕地的生产率受到土地投资总量下降的牵制,也下调了

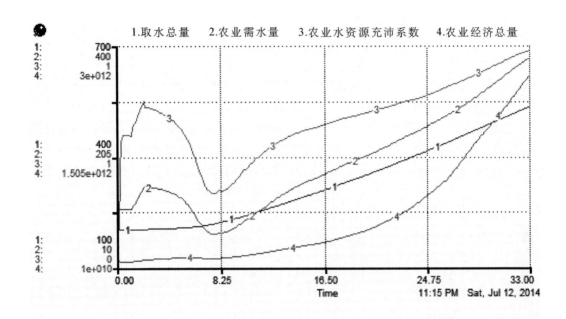

1.取水总量　　2.农业需水量　　3.农业水资源充沛系数　　4.农业经济总量

图 5-40　无农村土地流转时农业用水各指标模拟结果(1978—2010 年)①

3.22%;最终粮食产量略微下降了 2.35%;从 4.684×10¹¹ kg 下降为 4.574×10¹¹ kg,农业用水量基本不变。全国取水总量同比下降了 8.17%,2010 年时取水总量下降为 534.87 km³;农业投资对促进供水能力提高所发挥的作用减少了 10.35%,农业投资对提高灌溉能力上同期减少了 4.88%。但是由于工业用水量下降了 28.74%,农业供水量略有下降,2010 年达到 379.36 km³,相对于此前下降了 5%。农业用水供需比例从流转后的 1.131 提升至没有流转时的 1.185。

由此我们得出结论:农村土地的流转在一定程度上将会减少对农业用水的供应,但是减少幅度有限。农村土地的流转提升了农业水资源的使用效率,使农业灌溉能力提升 4.88%;同时还促进了城市经济的发展。因此,如果停止从农村流转土地到城市,那么就要采用从保留地中补充城市土地数量的方式,或者提高城市土地的使用效率,否则就会使城市经济蒙受损失,造成得不偿失的影响。

①　横坐标是以 1978 年为起始年,2010 年为终止年的各个年份的年份坐标(取值范围:1978—2010 年)。纵坐标中,1~4 依次代表取水总量(100~700 km³)、农业需水量(10~380 km³)、农业水资源充沛系数(0.668~1.185)和农业经济总量(1×10¹¹~3.7×10¹² 元)。

5.4.1.3 农业投资的驱动效果

2010 年时农业投资在国民经济总量中的占比接近国民经济总量的 2%,尽管这一比例与发达国家的 7%~9%的比例相比仍然比较低,但是 1978—2010 年间我国的农业投资在经济总量中的比例一直都在上升(图 5-41),这些投资主要来自国家财政投入,经济的发展是农业投资能够增加的最根本原因,而经济的发展得益于中国的城市化进程。所以,本章把农业投资也归类为城市化驱动农业用水改变的一个因素。为了量化分析农业投资的驱动效果,我们把农业投资在经济总量中的占比设定为一个常数,以 1978 年的 0.001取代逐年递增的比例。对比农业投资数量减少和实际农业投资产生的效果,两者的区别在于,减少农业投资使农业水资源的供应和需求的降幅都达到了 45%以上,见图 5-41。

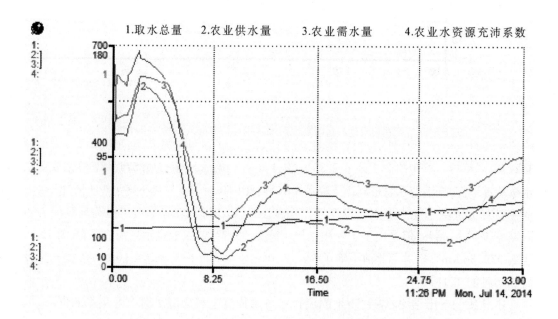

图 5-41 农业固定投资为常数时农业用水各指标模拟结果(1978—2010 年)①

农业投资对取水能力增加的效应减少了 75.8%,2010 年时为 0.507;农业投资对农业灌溉的效应减少 12.7%,2010 年时为 1.126;全国取水总量减少了 52.4%,2010 年时

---

① 横坐标是以 1978 年为起始年,2010 年为终止年的各个年份的年份坐标(取值范围:1978—2010 年)。纵坐标中,1~4 依次代表全国每年的取水总量(取值范围:100~700 km³)、农业供水量(取值范围:10~180 km³)、农业需水量(取值范围:10~180 km³)和农业水资源充沛系数,即农业供水量比上需水量的值(取值范围:0.3~1.0)。

为 227.24 km³;农业供水量减少了 58.5％,2010 年时为 149.98 km³;农业需水量减少了 48.26％,2010 年时为 165.47 km³;农业水资源供需系数下降,2010 年时为 0.982;因此导致的农业生产率降低了 47.43％,2010 年时约为 213 793.4 kg/km³;粮食产量下降了 54.63％,2010 年时为约 2.125×10¹¹ kg;农业经济总量因此在 2010 年下降至 1.599×10¹² 元,下降了 55.35％。非农业经济没有因此受到太大影响,经济总量和需水量都基本稳定;农业投资的减少主要影响了农业自身的生产。

5.4.1.4 粮食进出口的驱动效果模拟

随着我国的经济实力的增强和市场化程度的提高,我国开始了加入世界贸易组织的谈判(龙永图,1999)。进过长达 13 年的谈判,2001 年,中国加入了世界贸易组织,获得了最惠国待遇和国民待遇,为农产品的进出口创造了宽松的环境。国际市场为国内有优势的农产品提供了市场,例如蔬菜、水果、畜产品和花卉等劳动密集型的产品;也给国内生产优势不明显的农产品的生产造成了冲击,例如粮、棉、油、糖等土地密集型产品。国内的粮食产品与国际市场上的相比,并没有竞争能力;而在 2003 年之后国内城市化进程的加速也对粮食产品有更大量的需求,所以随之而来的是国内净进口粮食产品数量的大幅度增加。2010 年的净进口粮食量是 2003 年的 1.21 倍,是 1978 年的 5.4 倍(图 3-2)。随着粮食进口到国内的是国外生产粮食所需要的水资源,这意味着粮食的进口同时也缓解了我国的土地压力。所以,粮食的进口必然对我国的农业用水产生影响。在这里,我们把粮食净进口量设定为零值,以量化模拟粮食进口的影响(图 5-42)。

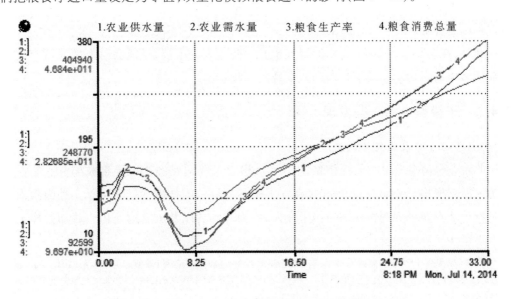

图 5-42　无粮食进口时各指标模拟结果(1978—2010 年)[①]

当将粮食进口数量设定为零之后,国内的农业用水供应和需求量没有发生太大变化。但是粮食需求与生产能力之比对粮食生产能力的效应值发生了变化,2010 年时比基本情景下降了 3.2%,使 2010 年时的粮食生产率由基本情境下的 406 714.31 kg/km³ 下降为 404 940.21 kg/km³,降低了 0.44%,这意味着粮食进口能够使我国的粮食生产率提高 0.44 个百分点。由于粮食量减少,此时的粮食价格升高,2010 年时比基本情景降低了 7.7%,但是粮食生产率下降的速度更快,因此 2010 年农业经济总量比基本情景下降了 5.2%。停止从国外进口粮食显著影响了我国的粮食消费总量,它比基本情景下降低了 13%,折合 7 020 万吨粮食。

本章的分析结果表明,农村迁往城市的人口增加了农业需水量,增幅为农业需水总量 3.9%;从农村流转到城市的土地减少了农业水资源的供应,幅度为 5%;农业水利投资从农业的供水量和需求量两个方面影响了农业用水,两项数值的改变都在 45% 以上;粮食进口尽管没有明显影响中国的农业用水,但是促使国内粮食的生产效率提升了 1%,同时进口的粮食将国内粮食消费总量提升了 13%。所以,在各种因素中,农业水利投资对农业用水的影响作用最大。

城市化中需要的劳动力、土地等的转移可能会给农业生产带来消极的影响,但是也通过带动经济发展之后注入资本进行农业投资,从某种程度上弥补了农业经济发展蒙受的劳动力和土地的损失。粮食的进口一定程度上也提高了本土的粮食生产效率,等量地减少本土农业用水需求。城市化带给农业用水的消极影响也通过农业水利投资进行了一定程度的弥补。

此外,在各个子模型中,本章的研究也有一些重要的发现,可能会对未来的城市化和农业用水中有所启示。以下是对这些发现的介绍。

5.4.2　子模型中的一些发现

5.4.2.1　非农业经济的发展

非农业经济总量是农业经济量的 10 倍,构成了我国经济的主要组成部分。非农业经济子模型模拟了劳动力、土地和投资在促进其发展中的作用(图 5-43),3 种因素中投资对拉动非农业经济增长发挥的作用最大,约为劳动力以及土地的 5 倍。劳动力和土地

---

① 横坐标是以 1978 年为起始年,2010 年为终止年的各个年份的年份坐标(取值范围:1978—2010 年)。纵坐标中,1-4 依次代表农业供水量(取值范围:10~380 km³)、农业需水量(取值范围:10~380 km³)、粮食生产率(取值范围:92 599.46~404 940.21 kg/km³)和粮食消费总量(取值范围:9.691×10¹⁰~4.684×10¹¹ kg)。

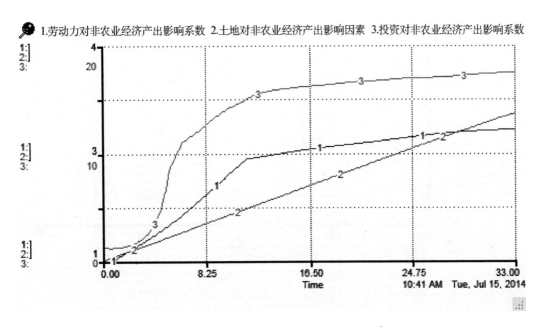

图 5-43 非农业经济增长(1978—2010 年)[①]

是农民参与城市化进程的两大要素,土地对促进经济发展的效用增长速度很快,呈现线性增加的趋势,增速快于劳动力;2007 年之后土地对于经济增长的拉动作用超过了劳动力。表明城市为保持其经济的增长速度对土地仍然存在巨大的需求。

5.4.2.2 粮食生产与消费

在粮食的生产部分,我们模拟了农业土地投资、农业水资源供应系数、劳动力和粮食进口的效应在粮食生产率中的作用(图 5-44)。结果表明,农业土地投资对粮食生产的促进作用最大,并且这种作用是逐渐增加的,2010 年时为 1.887,这表明能使投资在土地上的资本几乎能使粮食生产能力翻一番。劳动力的富余对粮食生产也有正向的影响,但是影响相对来说要小一些,2010 年时约为 1.15,意味着劳动力的富余能使粮食生产能力提高 15%。粮食需求与供应能力的比值实质上反映了中国的粮食进口波动,结果表明粮食的进口对提高粮食生产率有微弱的促进作用,从 2006 年时这种作用变得显著,2010 年时能使粮食生产率提高 1%。农业供水对于粮食生产并没有明显的促进作用,反而由于

---

① 横坐标是以 1978 年为起始年,2010 年为终止年的各个年份的年份坐标(取值范围:1978—2010 年)。图中 1~3 依次代表劳动力对非农业经济产出的影响系数(取值范围:1~4)、土地对非农业经济产出影响系数(取值范围:1~4)和投资对非农业经济产出的影响系数(取值范围:0~20)。

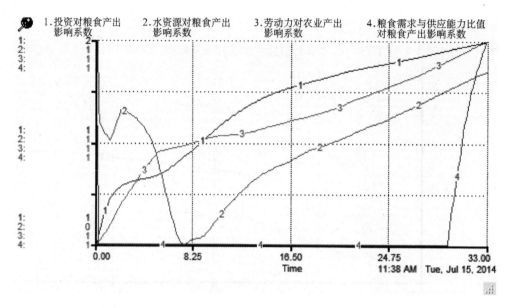

图 5-44　各种因素对粮食生产的影响效果(1978—2010 年)①

农业供水的不充沛拉低了粮食生产率。但是随着农业水资源供需比的提升,这种情况正逐步扭转。

粮食消费部分的模拟帮助我们发现了中国巨大的粮食需求缺口。这里的粮食消费不仅包括直接粮食消费,还包括了以粮食作为原料生产肉类、禽蛋等的间接粮食消费数量。根据预测,中国的人均粮食消费总量约为 500 kg。但是,如果按照人口 13.4 亿计算,那么消费总量将是 6 705 亿千克。但是我国粮食生产总量加上进口总量在 2010 年仅有 5 950 亿千克。所以还有将近 755 亿千克的缺口。出现这种情况的原因要么是中国目前的粮食进口量远超过官方公布数据,要么就是中国目前的粮食消费总量并没有达到所认为的 500 kg/人的水平。把人均粮食消费量持续下调,2010 年农村人口粮食消费量、城市人均粮食消费量分别调至 300 kg/人、400 kg/人;远低于人均 500 kg 的标准,这与发达国家的 1 000 kg/人更是相去甚远。未来如果提高居民的生活水平,人均粮食消费量要填补的巨大差距代表这总量上要逾越更大的数量鸿沟,这个鸿沟透露出了中国的粮食供应危机。填补这个鸿沟,要么依靠粮食进口来填补,这意味着粮食更大程度地依赖进口,粮

---

①　横坐标是以 1978 年为起始年,2010 年为终止年的各个年份的年份坐标(取值范围:1978—2010 年)。图中 1～4 依次代表投资对粮食产出的影响系数(取值范围:1.007～1.887)、水资源对粮食产出影响系数(取值范围:0.298～1.000)、劳动力对农业产出的影响系数(取值范围:1.063～1.191)和粮食需求与供应能力的比值对粮食产出的影响系数(取值范围:1.000～1.010)。

食安全受到威胁;要么要快速提升本土的粮食生产能力。

5.4.2.3　农业水资源供应与需求

雨水的使用在中国的粮食生产中发挥着重要的作用(图5－45)。随着粮食产量的增加,降雨的使用量也增加,按照粮食生产用水有60%来自降水折算,2010年中国共有383.81 km³的雨水被植物吸收。这个数量相当于全国取水总量的65.89%,并且超过了整个农业行业的灌溉用水总量。由此可见,雨水意味着巨大的粮食生产能力。单就粮食种植而言,如果能把雨水利用数量在粮食用水总量中提高5个百分比,即有额外的35 km³的雨水发挥作用,那么将节约35 km³灌溉取水量;这个数量约占我国居民用水量的1/2,即节约的水资源能够满足全国1/2人口的生活用水需求。目前已经有澳大利亚等国家开始研究并推广雨水的收集和利用技术,将收集的雨水除用于农业之外,还用于工业生产和生态用水中。相比较而言,我国对开发利用雨水的重视程度还不够。

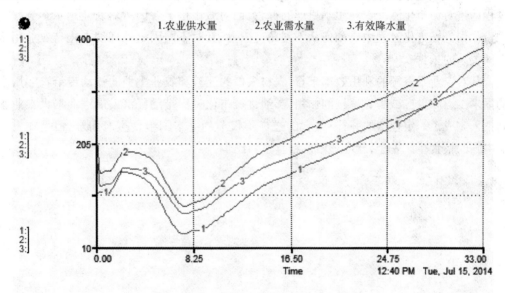

图5－45　农业用水的供应与需求(1978—2010年)①

此外,受到水资源使用效率提升的拉动,在1978—2005年一直存在的农业用水需求和农业供水能力之间的一个赤字带被逐渐填平,2005年之后我国的农业供水量超过了农业用水需求量,这代表这我国的农业水资源已经存在自给自足的能力。目前的问题是,

————————————

① 横坐标是以1978年为起始年,2010年为终止年的各个年份的年份坐标(取值范围:1978—2010年)。图中1～3依次代表农业供水量(取值范围:10～400 km³)、农业需水量(取值范围:10～400 km³)、有效降水量(取值范围:10～400 km³)。

农业水资源供应和需求之间,存在时空分布不均匀以及不对等的情况,因此仍然会有旱灾和涝灾间或存在。但是这个赤字带的消失表明,今后我国农业用水面临的主要任务并非单纯增加供水能力,而是如何对农业供水进行有效分配。

5.1　5.2　5.3　5.4　**5.5**

5.5　结论与讨论

本章中各个参数的设计即是对中国当前城市化和农业用水现状的介绍,模型的模拟过程即是对城市化驱动农业用水机理的探讨;而对城市化中各因素对农业用水影响程度的量化则是城市化过程中应如何从不同角度出发、针对不同因素处理城市化与农业用水之间关系的依据。

从对农业水资源的利用效率来看,农村人口的迁移和农业土地的流动带给农业用水的需求压力和供应减少等消极的作用,都通过城市化过程带动经济发展进而增大农业水利投入完成了一定程度的弥补;粮食的进口不仅节约了本国粮食生产用水,但是如果考虑中国的粮食生产安全,就应该限制粮食进口比例。

第6章 情景模拟与政策建议

第5章中建立了城市化驱动下的农业用水系统动力学模型,模拟农村人口迁移、农村土地流转、农业水利投资和粮食进出口贸易等表征城市化进程的因素对农业用水的影响。本章将继续运用第5章所建立的模型,设计5种情景分析不同模式下1978—2030年间的城市化与农业用水变动。这5种情景分别是:"惯性情景"[①]"单独二胎""农村土地流转""4万亿元水利投资""绿水战略"等政策单独作用下的情景和除"惯性情景"外4种政策共同作用下的情景。然后,从上述4种政策中筛选出对水资源开发利用效果最显著的政策,提出推动这项政策实施的可行性对策建议。

| 6.1 | 6.2 | 6.3 | 6.4 |

6.1 问题的提出

农业用水并非是一个孤立的研究对象,从农耕社会到后工业化时期,它存在于不同的时代背景下,而它的研究目标却基本不变:即在各种条件下都基本能够达到农业水资源供应和需求的平衡。当前中国的城市化进程仍在继续,我们就要研究未来的农业用水能否在城市化的背景下通过调整供应和需求量达到一种平衡?应当如何进行调试达到这种平衡?

第5章的研究揭示了我国面临的巨大的粮食供应压力,国内粮食生产量在1978—2010年提高了1.79倍,人口增加了1.39倍,人均粮食占有量仅增加了28.78%,有限的粮食生产能力不足以满足大幅度提高居民生活水平的要求,甚至不能够满足新增城市居民人口升级饮食结构的需要。而渡过粮食危机,农业用水需要做到的就是:农业供水可以满足基本粮食生产的需要,能够达到提升粮食生产效率的要求。

---

① 惯性情景是指以2010年为基准年,与本书所建立的模型有关的各项政策均保持2010年的情景不变,模拟所得到的未来水资源使用变动趋势。

第5章对城市化背景下1978—2010年间农业用水供需状况的模拟,表明农业水资源的供应和需求在不同的时间段状况各异,2010年时进入了供应量基本与需求量持平并略微超出需求量的阶段,所以当前的农业用水最主要的矛盾并非绝对稀缺,而是相对稀缺,即因为缺水地区和供水充沛地区的供需不对等引起的稀缺。所以当前的农业用水任务应该是:增加缺水地区的供水能力与提高丰水地区的水资源使用效率并举。找到能够满足上述两者条件之一或者兼顾上述两者需求的策略是解决农业用水所面临的问题的首要选择。

所以,本章的研究要回答如下问题:在城市化的背景下,哪项政策能够对农业用水有最大程度的影响,若推进这项政策需要什么有效对策?

6.1 **6.2** 6.3 6.4

6.2 情景模拟[①]

第5章建立的城市化和农业用水的模型包括了5个子模型,这一部分我们将选取4项政策以对应第5章所建立的5个子模型,模拟各项政策实施对中国农业用水的影响。它们分别是"四万亿元水利投资""土地流转""单独二胎"和"绿水战略",分别对应经济子模型、土地子模型、人口子模型和水资源子模型。粮食子模型中所涉及的粮食贸易被归入惯性情景模型下,分析认为,中国粮食贸易净进口的趋势在2010年之后不会发生大的改变,因此将粮食子模型定为保持其惯性情景。这表明惯性情景既能作为基准情景,也能反映粮食贸易政策的情景。最终,加上各种政策汇总之后的情景,本章共模拟6种情景(图6-1)。

表6-1　　　　　　　　情景模拟中各子模型所对应的政策名称

子模型名称	人口	土地	经济	粮食	水资源
政策名称	单独二胎	农村土地流转	4万亿元水利投资	粮食贸易	绿水战略

---

①　情景模拟:是指当涉及本模型中的各项政策改变时,改变模型中的参数设定,所模拟出的未来水资源使用状况。在这里,"四万亿水利投资"是实际存在的情景、"绿水政策"是假设未来会加大力度实施的情景,这两种情景都是情景模拟的对象。

6.2.1 情景描述与参数设定

6.2.1.1 惯性情景

惯性情景即没有采取政策干预,维持 1978—2010 年时的各项参数设置不变,将上一章建立模型的模拟时间从 2010 年延长至 2030 年,所得到的参数值。惯性情景又被称为基准情景,其他各项政策的实施效果都可以与惯性情景下得到的参数值相比较,以得出这项政策的实施会达到什么样的效果。

6.2.1.2 单独二胎政策

计划生育政策是中国政府最知名的政策之一,"4-2-1"式的家庭结构即一个家庭中"4 个祖父母、两 2 个父母和 1 个子女"。这项政策使中国的出生率越来越低,人口结构不均衡、老龄化人口比例增大,由此带来的养老和劳动力不充足的弊端逐步浮现。2013 年 11 月 15 日中国政府颁布了《中共中央关于全面深化改革若干重大问题的决定》,规定中提及了人口政策的松动——坚持计划生育的基本国策,启动实施一方是独生子女的夫妇可生育两个孩子的政策,逐步调整完善生育政策,促进人口长期均衡发展。这项政策被称为"单独二胎"政策。根据预测,中国因此每年将增加 200 万~300 万人口,人口出生率将发生小幅度变动,本章假定中国每年因此增加的新生儿人数是 250 万。

目前中国的育龄人口大多数出生在计划生育政策实施后,由于已经有"农村单独二胎政策"——即农村头胎是女孩的家庭还可以生育二胎,因此本书认为城市育龄人口中的独生子女更多,2012 年"单独二胎"政策的实施改变的是人口出生率。中国每年增加的 250 万新生儿中有 150 万出生在城市,100 万出生在农村,城市和农村的人口出生率分别增加 0.002 1 和 0.001 4。

6.2.1.3 农村土地流转

中国实行的是城乡分治、政府垄断城市土地一级市场的土地制度,在历次土地制度改革中政府都扮演了重要的角色。20 世纪 70 年代末至 80 年代中期,中央政府倡导实行了以包产到户为特征的农村土地制度改革,在保持集体土地所有权的前提下,由农户替代生产队成为农业生产和收入分配的基本单位,激发了农民生产的积极性,拉动了国民经济增长。80 年代中期至 90 年代末期,大量农村剩余劳动力从农业中被释放出来,中央制定政策鼓励农民利用集体土地创办乡镇企业,推动了农村工业化进程。90 年代末至今,地方政府通过低价征用农民土地,以创办园区的方式推动工业化进程;利用对土地一级市场的垄断和经营性用地的市场化出让赚取的土地出让收入和土地抵押融资收入进行城市公共基础设施建设,推动城市化进程。

城市化进程仍然有巨大的土地需求。为了缓解城乡土地供需矛盾,2013 年 11 月 15

日的十六届三种全会上,党中央公布的《中共中央关于完善社会主义市场经济体制若干问题的决定》中规定,完善农村土地制度,改进土地流转程序,保障农民权益,以使城市能够得到发展所需要的土地,同时农民也能够得到合理的补偿。其实质是在确保农民对土地拥有"以家庭承包经营为基础、统分结合的双层经营体制"的使用权的前提下,允许农民自愿进行有偿的土地承包经营权的流转,并建立体制保障农民得到合理补偿。

土地流转政策的实施改变的是从农村流转到城市的土地数量。我们认为这项政策将增加从耕地到城市土地的流转速度,该《决定》颁布后将有更大量的耕地流向城市用于城市建设,我们假定从农村流向城市的土地由原来的 100 m²/人增加到 150 m²/人。

6.2.1.4　4 万亿元水利投资

目前中国的水利在节水灌溉设施、供水管网、污水处理等领域由于资金投入不足,水利建设不足以应对近年来旱涝交错、水污染、市政给排水需求和农业用水短缺等状况。2011 年 1 月中国政府颁布了中央一号文件《中共中央国务院关于加快水利改革发展的决定》,提出 2011—2020 年间每年提取土地出让收益的 10% 用于农田水利建设专项资金,加上此前的每年的水利投资——这部分水利投资额占农业固定资产投资总额的 17%,在此 10 年间政府将投资 4 万亿元在水利建设中,年均投入 4 千亿元。这些资金主要用在农田和各个灌区节水改造和水功能区的污水处理上,对全国 2 500 座大中型灌区进行节水改造,力求各流域水功能区水质达标率提高到 60% 以上。

我们设定 1978—2010 年间的水利投资是从农业总投资中划拨的,占农业总投资的50%。2011—2020 年每年新增 4 千亿元水利投资,我们认为 2020 年之后国家将继续保持在水利中的投资力度,保持 2010—2020 年间的政策不变,即遵循情景模拟中的惯性情景。我们将在模型中新增加一个参数来表达这项投资,参数值设定为每年 4 千亿元水利投资,时间段为 2011—2030 年。受到水利投资的推动,农业投资对农业灌溉的影响效应、农业投资对农业抽水能力的影响效应将会发生改变,并最终影响整个农业用水的效率、粮食产量和农业产值。

6.2.1.5　绿水战略

在中国的主要粮食作物中,降水贡献了总用水量的 60%,能被利用的雨水成为"绿水"。因此提高雨水利用效率的战略在本章称为"绿水战略"。它的具体实施措施可以是:建立集雨区,利用水窖、水池或者微集流技术体系进行雨水收集,改进雨水净化和利用技术;提高农业天气预报的精确度,在降雨前视情况看是否需要灌溉,避免重复灌溉;估算节气与农作物种植周期的关系,使农作物生长蓄水量最大的时期能够利用到雨水。

"绿水战略"的实施目的是提高各地的雨水有效使用量,目前落入中国的年均降水量约 6 000 km³,如果能增加 50 km³ 的雨水使用数量,将节约等同数量的灌溉水资源。所以,我们在上一章所建立模型的基础上为绿水战略专门增加一个"有效降雨使用量"参数,将它与取水量一起作为供应农业用水的来源。

6.2.1.6 各项政策加总

单项政策的实施反映的是这项政策对于农业用水的影响,各项政策加总情景是指上述各单项政策都实施状况下的情况。这项情景设计的意义在于,以上各项政策并非单独执行,未来的城市化进程是将上述 4 项政策置于一个框架下同时执行。所以,这种情景是指将上述 4 项政策加总,将每项政策改变的参数全部按照这项政策实施的假设进行重新设置,即改变城市人口出生率、农村的人口出生率、从农村流转到城市的土地数量、新增 4 万亿元水利投资、有效降雨量等 5 项参数的设定。

6.2.2 情景模拟结果

以 1978—2010 年为基准年份的惯性情景,运用系统动力学建立模型进行模拟。模拟的演算公式、推算过程等信息见附录。模拟结果表明 2030 年中国的城市化率将达到 57.7%;农业供水量 500 km³;农业需水量 382 km³;全国取水总量 799 km³;居民耗水量 97 km³;非农业经济耗水量 209 km³;农业用水在粮食生产中开始发挥正向的促进作用,能够促使农业生产率提高 0.004;投资在促使农业生产率提高上发挥了 1.983 的作用;农业水资源供应充沛系数在粮食生产中的作用是 1.003;劳动力对粮食生产的拉动是 1.268;粮食单位面积产量是 415 000 kg/km²;粮食产量 5.795×10¹¹ kg;农业经济产出值 4.433×10¹² 元;非农业经济产出值 5.077×10¹³ 元;耕地面积 1 159 000 km²,城市土地面积 1.157×10⁶ km²。

"单独二胎"对农业用水没有显著影响,对人口影响显著。它使 2030 年的全国人口相对于惯性情景增加了 5 770 万人,其中农村增加了 2 170 万人,城市增加了 2 700 万人。2030 年非农业经济相对于惯性情景增加了 500 亿元人民币;劳动力对粮食生产的拉动增加了 0.007。粮食产量增加了 80 万吨。全国的居民用水总量增加到 2030 年的 99.16 km³,增加了 2.16 km³,与惯性情景下相比增幅不大;农业用水量和供水量的变动也不显著。

"农村土地流转"首先惠及的是城市用地和城市经济发展。2030 年城市土地相对于 1978 年的基准情景增加了 1 388 万亩,但是耕地面积减少了 300 万亩。得益于土地供应的增加,城市经济相对于 1978 年的基准情景增加了 3.45 万亿元人民币,非农业经济耗水量增加了 6.95%。受到耕地数量减少的直接影响,粮食产出减少了 300 万吨,因而农业耗水量减少了 2.66 km³,农村经济总量减少了 100 亿元人民币。农业供水量和总供水量基本不变。农业耗水量的减少主要是由耕地面积的减少引起的,因此若减少农村土地流转政策的实施对粮食生产的负向作用,就要继续维持"土地18亿亩红线",在农村土地流转的同时增加从保留地到耕地的转变速度,以及时补充从农村流向城市的土地。

"4万亿元水利投资"政策具有减少单位粮食种植需水量和增加粮食产量的双重作用(图6-1)。2030年我国单位耕地的粮食产量是50 9 074 kg/km²,相对于惯性情景增加了22.67%;粮食产量相对于惯性情景增产1 030万吨,足够满足2 890万人新增城市人口的粮食需求。由于单位粮食生产用水量的降低,总的农业水资源需求量并没有随着粮食产量的增加而增加,反而减少了2.87%。农业水资源供应充沛系数在粮食生产中开始发挥正向的拉动作用,系数为1.03;其含义为如果农业水资源充沛,那么粮食生产相对于惯性情景下粮食产量的1.03倍,进一步可以理解为农业用水能解释3%的粮食增产。农业用水的充沛性对粮食生产的促进作用能够缓解我国的粮食供应压力。

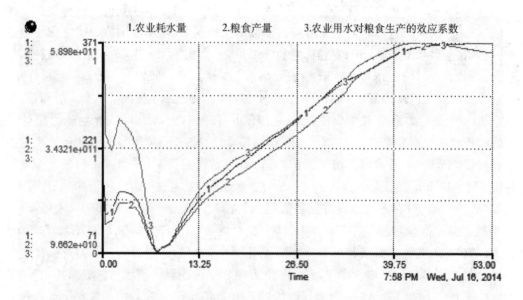

图6-1　4万亿元水利投资政策下的农业用水与粮食生产(1978—2030)[①]

---

① 图为1978—2010年间的农业水利投资等于农业投资总量乘以农业水利投资占农业投资的比率(0.5)。在2010—2020年间的水利投资增加了4万亿元水利投资的考虑,年均投资是一个固定数值,为4千亿元。在2020—2030年间,仍然保持年均4千亿元人民币的农业水利投资额。

横坐标是以1978年为起始年,2010年为终止年的各个年份的年份坐标(取值范围:1978—2010年)。图中1~3依次代表农业耗水量(取值范围:71~371 km³)、粮食产量(取值范围:$9.662 \times 10^{10} \sim 5.898 \times 10^{11}$ kg)和农业用水对粮食生产的效应系数(取值范围:0.298 ~ 1.035)。

"绿水战略"与"4万亿元水利投资政策"互不干涉、同步进行。"绿水战略"强调政府鼓励使用雨水所采取的政策,"4万亿元水利投资政策"代表了政府为了增加农业灌溉、农业水利投资所采取的政策。"绿水战略"使2030年农业供水充沛系数对粮食生产的效应值达到了1.032,比各项政策均没有实施状况下的惯性情景增加了0.029;因此使单位面积粮食产量相对于惯性情景提高了24.84%,增产粮食2 080万吨,增长幅度为3.59%;这一增幅甚至超出了4万亿元水利投资所带来的粮食增幅,由此可见有效使用雨水将带来巨大的经济产出。由于雨水的使用并不能与非农业经济直接发生关联,所以这项政策的实施没有给非农业经济带来显著的增长,同时它也没有使城市化率得到提高,其作用仅限于对粮食生产的影响。

　　上述各项的加总带动了农业和非农业经济的发展。从农业经济角度看,2030年时农业经济总量将达到 4.611×10^{12} 元,粮食产量 6.09×10^{11} kg,单位面积的粮食产量是 $522\ 639$ kg/km^2,农业水资源的使用在促进粮食生产上的作用是1.056,劳动力在促进粮食生产的增长上发挥的作用是1.280,农业土地投资在促进粮食生产上的效用值是2,粮食进口的效用值是1.03。非农业经济总量在2030年间将达到 5.428×10^{13} 元,2010—2030年间非农业经济年度增长速度为7.42%。农业用水量、非农业经济用水量和居民生活用水量在2030年分别是383 km^3,223.62 km^{3}和98.91 km^3,总耗水量是705.53 km^3。在这种情况下,经济发展速度快于惯性情景,总量超出惯性情景6.68%,折合3.688万亿元人民币,但是用水总量并没有因此而大幅度增加。所以,我们认为,从经济发展和水资源利用的角度,这些政策的实施起到了正向的作用。但是这些政策并没有促使城市化率相对于惯性情景有所增长,预计2030年中国的城市化率将达到57.5%。其主要原因是这些政策的加总使农业和非农业经济共同发展,城乡收入比并没有因此而拉大,因此没有影响从农村到城市的人口迁移率。

　　对上述各种情景的研究表明,农业水利投资和绿水战略的影响最大。雨水的利用面临的情况是,当前雨水的使用并未在国内引起重视;雨水的收集需要在各个地方布点并且受到降雨时间的限制;使用雨水并不代表可以同时降低单位面积粮食的雨水使用量,提高水资源生产能力。所以,从实施可能性上看,上述各项政策中,4万亿元水利投资对促进农业水资源效率的提升作用最大。

　　在上一章的研究中我们也发现,在城市化作用于农业用水的各项因素中,农村人口的城市化直接影响了农业需水量,农村土地流转直接影响了农业水资源供应,但是两者都通过影响城市经济发展对农业水利投资的作用进而影响了农业用水,而农业水利投资本身的改变将直接解释高达48%的农业用水的供应和需求波动。所以,农业水利投资是城市化范畴下对农业水资源的供应和需求影响最大的因素。

对农业进行水利投资的最终目标是增加缺水地区的供水能力,同时提高农业水资源使用效率;它的第 2 个目的同我们第 4 章中所提及的农业水资源生产率一样,都指向同一个目的:即以尽可能少的农业用水生产尽可能多的粮食,或者产出尽可能多的经济价值。所以,接下来我们将讨论如何设计有效的政策制度来保障农业水利投资的融资、执行和实施。

6.1   6.2   **6.3**   6.4

6.3   政策建议

6.3.1   融入社会资本

中国目前的农业水利设施投资方有政府、村民委员会、合作组织(协会)、私人资本投资者和用水农户。政府在水利投资中占据主导地位,农业水利投资的主要来源是财政支出。但是随着我国政府正由大政府向小政府过渡,同时农业水利投资的需求越来越大,政府支出和农业水利需求之间的赤字将逐渐增大。

作为一种准公共物品,水资源的管理可以采取公私合营的经营模式。国外水利依靠国有和社会资本投资、运营权由国家和社会组织共担的,基本能做到收支相抵并且还有盈余,例如美国、澳大利亚等。这些国家在兴修水利之初会引入电力公司等社会资本,然后将运营盈利的部分分配给这些公司;如果这部分盈利在一定年限内不足以清还这些公司的投资,国家经灌区内的居民投票同意后会向灌区内的企业征收比例很低的财产税。但是单纯依赖国有投资、国家运营的,一般会进入入不敷出的窘境,如印度。所以,水利建设如果具有市场化特色,将强过完全的国有化经营。因此,对中国而言,在当前政府从大政府向小政府转型的背景下,也要建立有效的制度体系,融入社会资本参与农业水利的建设、运营和管理。

6.3.2   进行农业水价改革

一旦引入社会资本进行农业水利投资,这些社会资本收回成本的主要方法是向农户收取水费。但是当前我国的农业水费仅是象征性地征收,中国的水价仅占到粮食生产总成本的 3.0% 到 5.0%,而合理的水价应在生产总成本 6.6% 到 10.6% 之间。目前的水价不仅不能抵消水资源供应者在农业用水中的投入,并且也不利于使用价格杠杆鼓励农民节约用水(Nickum，1998)。这是因为针对水资源效率，不同的群体理解不同，农民追求农业生产能使自己的收入增加多少——即无论生产过程中用了多少水；政府关注能不能保障农业生产的用水需求；科学家研究如何把前两者关心的问题结合起来——即提高单位农业水资源投入的经济产出。过低的水价不仅会导致大量浪费，而且容易使最初预支给农业水利投资的社会资本难以在长期内收回成本。所以，进行农业水价改革、设计合理的水价将督促用水者提高用水效率。

6.3.3 引入公众参与体制

用水农户是农业水利的最终服务对象，理应参与到整个环节中来，这样不仅能减缓政府监管企业运营的压力、促使企业提高供水服务质量，而且可以提高用水农户对农业供水服务的满意度。按照公众参与的程度，分为告知、咨询、公众直接参与、合作、赋权等5个等级。

这一个环节与前面两小节中提到的社会资本进入和水价改革也有联系。目前的中国农业水务市场存在巨大的潜力，水利设施、灌溉技术和污水处理技术与设备的匮乏，让日本、欧洲和美国等外资水务公司看到了机遇。日本从2004年开始就捐款援助我国的农村水利建设，欧洲提供了无息或者低息贷款，美国虽然没有资金注入但是提供了技术支持，其最终目的就是要进入我国的农业水务市场。但是国外水务在中国城市中提供的水资源水质不过关所引发的公众恐慌频发，表明国外的水务公司在运营中迫切想把投资收回，可能疏于对水质质量的把关。国内社会资本也会出现类似状况。因此如果社会资本进入农业水利行业，就要建立全面的监管体系。

其次，合理的水价是用水农户能够参与到监管供水企业提供服务的质量中来的通行证。只有用户付出了与水资源的价值等值的货币，才能够得到对等的服务。

6.1　6.2　6.3　**6.4**

6.4　结论

"单独二胎""农村土地流转""4万亿元水利投资""绿水战略"分别代表了城市化和农业用水模型中的人口、土地、经济和水资源子模型的变动，政策实施之后，对中国农业用水和经济发展影响最大的是"4万亿元水利投资"政策。如果稳步推进中国的水利投资，首先要允许社会资本的进入,其次设定合理的农业水价,最后引入公众参与机制以确保服务质量。

随着中国农业用水效率的提升和取水能力的增加,2010 年时进入了供应量基本与需求量持平并略微超出需求量的阶段,所以当前的农业用水并非"绝对稀缺"(6.1 节),而是由于水资源的时间和空间分布不均匀所导致的"相对稀缺",其表现就是洪灾、涝灾和干旱。同时水污染遍布各个地区,导致不论丰水还是贫水地区都有水但是无法使用。所以,解决中国农业用水的问题需要分别有针对性地解决水资源时空分布不均、水资源使用效率不高和污染等问题:

首先,在水资源总量充沛的地区,尽量避免因为城市污水处理不达标就排入附近的农田造成农业水资源生产率降低难题。这个问题的解决需要布局清洁产业,从源头上预防废水的产生,同时还应对排出的废水进行有效的末端治理;源头控制和末端治理都需要资金的保障。

其次,为缓解贫水地区的水危机,我国组织了各种规模的调水工程,空间幅度包括了跨市调水、跨临近流域调水到跨越中国大江南北的"南水北调"工程,这在一定程度上缓解了水资源空间分布不均匀所造成的农业水稀缺,这也需要水利投资的保障才能实施。

最后,不论对于缺水还是丰水地区,我国的农业水资源生产率还是低于发达国家的水平,发展节水农业将是提高农业用水效率的出路之一。

第7章 研究结论与展望

7.1 7.2 7.3

7.1 研究结论

本书依托城市化背景,研究农业用水、城市化对农业用水的影响。提出了如下研究问题:城市化是否影响了中国的农业用水;如果有影响,是对用水量还是水资源生产率产生了影响;是通过哪些机制驱动这种影响的;在多大程度上产生了影响?

首先,本书介绍了能够准确核算中国农业用水量的工具——水足迹,并计算了1978—2010 年间中国 5 种主要粮食作物——水稻、小麦、玉米、大豆和高粱的水足迹消耗量。结果发现,尽管 1978 年之后的主要粮食作物单位产量的水足迹值在减少,但是水足迹数量由于粮食产量的增加却不降反升。考虑到中国城市化带动的经济发展增加了工业用粮的需求,城市居民饮食结构的改变增加了粮食产品和其他农产品的需求等因素,本书首先提出了城市化与农业用水存在相关性的假设。

随后本书分析了城市化对农业水资源生产率的影响。运用 2004—2010 年的全国省级行政单位的面板数据,初步检验了城市化率与农业用水量和农业水资源生产率的相关性,结果表明城市化率与农业用水量相关性不显著,但是与农业水资源生产率的相关性显著。所以我们首先详细探讨了城市化对农业水资源生产率的影响;用城市化率和城市污水处理率两项指标来表征城市化进程,加入控制变量检验上述两项指标与农业生产率的相关性。检验结果表明,相对于城市化率,城市污水处理率与农业水资源生产率的相关性更强;并且它对农业水资源生产率的作用存在着地区异质性,随着城市化率的升高而增强。而之所以所选的两项反映城市化进程的指标与农业用水量不相关,其原因可能是进口农产品消费比例增大,国内生产农产品所消耗的水量不能反映城市化带给农业水资源的影响。所以,我们认为需要考虑多元因素,从水资源需求的角度而不是供应的角度出发检验城市化对农业用水的影响。

第三,本书建立系统动力学模型模拟城市化对中国农业用水量的影响。将联系城市化与农业的各项要素——土地、人口、非农业经济、水资源整合到一个模型中,从多维度模拟城市化对农业用水的驱动机理。研究结果表明:农村人口流动主要从农业水资源需求角度、农村土地流转主要从农业水资源供应角度、水利投资同时从供应和需求角度影响农业用水。粮食进口促使中国的粮食生产能力提高了 0.4%,等比例地减缓了对本土农业用水的需要。在各项因素中,农业水利投资对农业用水的影响最大,因为它不仅增加了灌溉面积,减少了单位粮食产出的需水量;同时通过增加取水能力,扩大了对农业水资源的供应;最终通过改变农业水资源充沛系数提高了粮食生产率。所以,加大农业水利投资是城市化能直接作用于农业用水的最有效手段。

最后,本书运用所建立的城市化与农业水资源系统动力学模型,模拟了几项政策实施的效果,并据此提出了政策实施的建议。这几项政策是"单独二胎""农村土地流转""4 万亿元水利投资"和"绿水战略"。这几项政策中对农业用水影响最大的是农村水利投资政策。随后,本书从融入社会资本、改革农业水价和引入公众参与机制 3 个方面提出了推动农业水利投资施行的对策建议。

7.1　**7.2**　7.3

7.2　研究的创新点

(1)核算了 1978—2010 年间中国 5 种主要粮食作物的蓝水和绿水足迹值;计算了在此期间 5 种粮食作物的贸易水足迹值、各省份的水足迹值、每种作物的水足迹占比、绿水与蓝水足迹比例。分析了单位耕地面积、人口和 GDP 的 5 种主要粮食作物的单位水足迹值,发现水足迹效率提升、水足迹总量却因为粮食产量上升而增加。内容详见第 3 章。

(2)构建面板回归模型,分析了城市化对农业水资源生产率的影响和驱动机理。回归结果表明,城市化率与农业用水量没有相关性,但是与农业水资源生产率正相关。与城市化率相比,城市污水处理率更能解释农业水资源生产率的变动,并且这种影响带有地区异质性。农业进口水资源消费量所占比重增大,使当前的农业用水量无法反应实际消耗量。内容详见第 4 章。

(3)构建了系统动力学模型,从多因果维度模拟了城市化对农业用水量的影响。将联系城市与农村的因素归入土地、人口、非农业经济、粮食生产和水资源 5 个子模型中。研究结果表明,上述 5 个子模型分别从供水、需水、供应和需求、需求、供应的角度影响农业用水,其中农业水利投资的影响效果最大。内容详见第 5 章。

(4)运用系统动力学模型,检验了涉及城市化和农业用水的几项政策实施会产生的效果。结果表明,4 万亿元水利投资政策和绿水战略对节约农业用水量,增产粮食上都效果明显;从政策可操作性看,4 万亿元水利投资更易实施。引入社会资本、改革农业水价和建立公众用水监督机制,都能是有利于农业水利投资的推行。内容详见第 6 章。

7.1　7.2　**7.3**

7.3　研究的不足与展望

受自身研究能力以及研究条件的限制,最终的成书存在一些不足之处,这些不足为作者今后研究的改进指明了方向:

(1)在第 3 章中,文章仅核算了在城市化进程中最重要、产量最大的 5 种主要粮食作物的水足迹值,仍有占农业用水量 30％～40％的其他农作物的水足迹值没有被核算出来,中国农产品水足迹网络的建立应当包括更多种类的农产品水足迹值。

(2)受到作者自身计量经济学理论基础的限制,在第 4 章中没能运用现有的数据从更深层面来挖掘城市化、城市污水处理率与农业用水之间的关系。未来作者会继续深入学习计量经济学,以期对目前的研究做出改进。

(3)本书虽然在第 6 章中非常宏观地量化分析了政策的执行效果,但是更详细的对政策执行的效果却没有进行论证。比如:通过调研方式对各灌区不同的农业水利融资手段及其执行效果进行实证分析,最终致使文中有关对策的分析流于空泛。今后将通过实证和案例分析,详细研究不同政策对促进农业投资的作用效果,做出更加深入的、能够落地的对策分析。

参考文献

[1] AhmadS, SimonovicSP. Dynamic modeling of flood management policies [C]. Proceedingsof the 18th international conference of the system dynamics society: sustainability in the thirdmillennium. Bergen, Norway, 2008.

[2] Allan, J. A. Virtual Water: A long term solution for water short middle-eastern economics [R]. Paper presented at the 1997 British Association Festival of Science, 1997.

[3] He, J. , Chen, X. K. A dynamic computable general equilibrium modelto calculate shadow prices of waterresources: implications for China, available at: /http: //www. ecomod. net/conferences/iioa2004/iioa2004_papers/424. pdfS, 2004.

[4] Ayres,R. U. , L. , W. Aayres. A handbook of industrial ecology, Cheltenham, UK and Brookfield [M]. US: Edward Elgar, 2002.

[5] Bahman Rezadoost, Mohammad Sadegh Allahyari. Farmers' opinions regarding effective factors on optimum agricultural water management. Journal of the Saudi Society of Agricultural Sciences [J], 2014, 13 (1): 15 - 21.

[6] Bringezu S, Schutz H. Total material requirement of the Europearn Union. Technical report no. 55, E. E. A. , Copenhagen, 2001.

[7] Bulsink, F. , Hokestra, A. Y. , Booij, M. J. The water footprint of Indonesian provinces related to the consumptionof crop products [J]. Hydrology and Earth System Sciences, 2010,16(8): 2771 - 2781.

[8] Chaolin Gu, Liya Wu, Ian Cook. Progress in research on Chinese urbanization [J]. Frontiers of Architecture Research, 2012, 1: 101 - 149.

[9] C. Zhang, L. D. Anadon. A multi-regional input-output analysis of domestic virtual water trade and provincial water footprint in China [J]. Ecological Economics, 2014, 100: 159 - 172.

[10] Chapagain, A. K, Hoekstra, A. Y. The green, blue and grey water footprint of rice from both a productionand consumption perspective [J]. Value of Water Research Report Series, 2010,70: 749 - 758.

[11] Crawford, N. H. , Linsley, R. K. Digital simulation in hydrology, Stanford Watershed Model IV [R]. Stanford Univiversity, 1966.

[12] Dajun Shen. , Bin Liu. Integrated urban and rural water affairs management reform in China [J]. Physics and chemistry of the earth, 2008,33(5): 364 - 375.

[13] David Satterthwaite, Gordon McGranahan and Cecilia Tacoli. Urbanization and its implications for food and farming [R]. Philosophical transactions of the royal society, 2010, http: //rstb. royalsocietypublishing. org/content/365/1554/2809. short.

[14] Dennis Wichelns. The Role of'Virtual Water' in efforts to achieve food security and other national goalswith an example from Egypt [J]. Agricultural Water Management, 2001, 49: 131 - 151.

[15] DewaldW, JThursby and R. Anderson. Replication in empirical economics, the Journal of Money, Credit, and Bunking project [J]. American Economic Review, 1986,76(4): 587 - 603.

[16] Diaz-Ibarra MA. A system dynamics model of El-Paso County Water Improvement DistrictNo. 1. PhD thesis [D]. Phd dissertation of The University of Texas, 2004.

[17] Eric Pruyt. Small Dynamics models for big issues. 2009, http: //simulation. tbm. tudelft. nl.

[18] FAO: AQUACROP 3. 1 [DB]. www. fao. org/nr/water/aquacrop. html, 2010.

[19] FAO. Urbanization and food security in Sub-Saharan Africa [R]. Paper prepared for the 25th regional conference for Africa. Nairobi, Kenya, 2008.

[20] Feng, K, Hubacek K, Minx J, et al. Spatially Explicit Analysis of Water Footprint in the UK [J]. Water, 2011,3(1): 47 - 63.

[21] Forrester, J. W. Information sources for modeling the national economy [J]. Journal ofthe American Statistical Association, 1980,75(371): 555 - 574.

[22] G. Darrel Jenerette, et al. Marussicha and W. John Roach: Contrasting water footprints of cities in Chinaand the United States [J]. Ecological Economics, 2006,57(3): 346 - 358.

[23] Govind Gupta and Gert Kortzfleisch. A system dynamics model for evaluating investment strategies foragriculture development [R]. Computer science and system analysis technical reports, 2007.

[24] Hamilton, H. R. , et al. System simulation for regional analysis: an application to river-basin planning [M]. Boston, Cambridge Press, 1969.

[25] Hokestra, A. Y. Virtual Water Trade: Proceedings of the international expert meeting on virtual water trade [R]. Value of Water Research Reports Series, 2003.

[26] Hokestra, A. Y. , Human appropriation of natural capital: A comparison of ecological footprint andvirtual water footprint analysis [J]. Ecological Economics, 2009, 68: 1963 - 1974.

[27] Hoekstra, A. Y. The global dimension of water governance: Why the river basin approach is no longer sufficient and why cooperative action at global level is needed [J]. Water, 2011, 3 (1): 21 - 46.

[28] Hongyun Han, Liange Zhao. The impact of water pricing policy on local environment-An analysis of three irrigation districts in China [J]. Agriculture Sciences in China, 2007,6(12): 1472 - 1478.

[29] Ines Winz, Gary Brierley, Sam Trowsdale. The use of system dynamics simulation in water resources management. Water resource management [J], 2009,23: 1301 - 1323.

[30] Intizar Hussain, Hugh Turral, David Molden, et al. Measuring and enhancing the value of agricultural water in irrigation river basins [J]. Irrigation Science, 2007,25(3): 263 - 282.

[31] IWMI. IWMI Report [R]. http: //www. gwp. org/en/The-Challenge/The-Urgency-of-Water-Security/Urbanisation/. 2013.

[32] Ira Matuschke. Rapid urbanization and food security: using food density maps to identify future food security hotspots [R]. FAO report, 2009, http: //www. fao. org/fileadmin/user_ upload/esag/ docs/RapidUrbanizationFoodSecurity. pdf .

[33] Jay W. Forrester. World dynamics [M]. Wright-Allen Press, Inc. Cambridge, 1971.

[34] James E. Nickum. Is China living on the water margin [J]? Cambridge University Press, 1998,156: 880 – 898.

[35] John D. Sterman. Business dyanmics [M]. McGraw-Hill/Irwin, 2000.

[36] J. W. Knox, M. G. Kay, E. K. Weatherhead. Water regulation, crop production, and agriculture water management—Understanding farmer perspectives on irrigation efficiency [J]. Agricultural Water Management, 2012, 108: 3 – 8.

[37] Junguo Liu, et al. GEPIC-Modelling wheat yield andcrop water productivity with high resolution on aglobal scale [J]. Agricultural Systems, 2007,94(4): 478 – 493.

[38] K. Descheemaeker, T. Amede, A. Haileslassie. Improving water productivity in mixed crop-livestock farming systems of sub-Saharan Africa [J]. Agricultural water management, 2010, 97: 579 – 586.

[39] Klaus Hubacek. , Dabo Guan. , John Barrett, et al. Environmental implications of urbanization and lifestyle change in China: Ecological and Water Footprints [J]. Journal of Cleaner Production, 2009,17: 1241 – 1248.

[40] Krystyna A. Stave. A system dynamics model to facilitate public understanding of water management options in Las Vegas, Nevada [J]. Journal of Environmental Management, 2003, 67: 303 – 313.

[41] Lane, D. Diagramming conventions in system dynamics [J]. Journal of the OperationalResearch \ Society, 2000,51 (2), 241 – 245.

[42] Lei. Zhang, Nico Heerink, Liesbeth Dries, et al. Water users associations and irrigation water productivity in northern China [J]. Ecological Economics, 2013, 95: 128 – 138.

[43] M. Vazifedoust, J. C. van Dama, R. A. Feddes et al. Increasing water productivity of irrigated crops underlimitedwater supply at field scale [J]. Agricultural water management, 2008, 95: 89 – 102.

[44] Mekonnen, M. M, Hoekstra, A. Y. Mitigating the water footprint of export cut flowers from the Lake Naivasha Basin [J]. Value of Water Research Report Series, 2012, 26: 3725 – 3742.

[45] Mekonnen, M. M, Hoekstra, A. Y. A global and high-resolution assessment of the green, blue and greywater footprint of wheat [J]. Hydrology and earth system sciences, 2010, 14: 1259 – 1270.

[46] M. H. Ali and M. S. U. Talukder. Increasing water productivity in crop production-A synthesis [J]. Agriculture water management [J]. 2008, 95: 1201 – 1213.

[47] Michael Webber, Hon Barnett, Brain Finlayson, et al. Pricing China's irrigation water [J]. Global Environmental Change, 2008,18: 617 – 625.

[48] Olli Varis, Pertti Vakkilainen. China's 8 challenges to water resources management in the first quarter of the 21st century [J]. Geomorphology, 2001, 41: 93 – 104.

[49] Overman, H. G , A. J. Venables. Cities in the developing world [R]. Unpublished Manuscript, Department of Geography. London School of Economics, 2005.

[50] Qifan Wang, Xinnong Yang. The coordinative development of boomtown in industry, society and population [C]. International conference of the system dynamics society, 1987.

[51] Sander J. Zwart et al. Molden: A global bench markmap of water productivity for rainfed and irrigatedwheat [J]. Agricultural Water Management, 2010,97(10): 1617 - 1627.

[52] Saysel AK. System dynamics model for integrated environmental assessment of large-scalesurface irrigation. Technical Report 2 [R]. The System Dynamics Group, Department of InformationScience, University of Bergen, Norway, 2004.

[53] Siebert,S. and Döll,P. Quantifying blue and green virtual water contents in global crop production as well aspotential production losses without irrigation [J]. Journal of Hydrology, 2010,348(3): 198 - 217.

[54] Shilp Verma, et al. Going against the flow: Acritical analysis of inter-state virtual water trade in the context of India's National River Linking Programme [J]. Physics and chemistry of the earth, 2009,34(4 - 5): 261 - 269.

[55] Slobodan P. Simonovic. World water dynamics: global modeling of water resources [J]. Journal of Environmental Management, 2002,00: 1 - 19.

[56] T. Erkossa, A. Haileslassie, C. MacAlister. Enhancing farming system water productivity through alternative land use and water management in vertisol areas in of Ethiopian Blue Nile Basin, 2014, 132: 120 - 128.

[57] Vennix J. Group Model Building: Facilitating Team Learning Using System Dynamics, Wiley, New York. 1996.

[58] Wichelns, D. Virtual water: A helpful perspective, but not a sufficient policy criterion. Water Resource Management, 2010,(24): 2203 - 2219.

[59] Ximing Cai, Yichen E. Yan, Claudia Ringler, et al. Agricultural water productivity assessment for the Yellow River basin [J]. Agricultural water management, 2011,98(8): 1297 - 1306.

[60] Y. H. Tian, M. Ruth, D. J. Zhu. Using the IPAT identity and decoupling analysis to estimate water footprint variations for five major food crops in China from 1978 to 2010 [J]. Environment, Development and Sustainability, 2016. DIO: 10.1007/s10668 - 016 - 9860 - 1.

[61] Zeitoun M, Allan J A, Mohieldeen Y. Virtual water 'flows' of the Nile Basin, 1998 - 2004: A first approximation and implication for water security [J]. Global Environmental Change, 2010,20(2): 229 - 242.

[62] Z. X. Xu, K. Takeuchi, H. Ishidaira, et al., Sustainability analysis for Yellow River water resources using the system dynamics approach [J]. Water resource management, 2002,16: 239 - 261.

[63] [澳]科林·查特斯,等. 水危机 [M].伊恩,章宏亮,译. 北京:机械工业出版社,2012.

[64] 包晓斌.我国农业水资源可持续利用研究 [J].水利发展研究,2011,9: 27 - 30.

[65] 常文娟,马海波. 国内水资源优化配置研究综述 [J],黑龙江水专学报,2009,36(3): 18 - 20.

[66] 陈旭升.中国水资源配置管理研究 [D].哈尔滨工程大学,2011.

[67] 段爱旺.水分利用效率的内涵及使用中需要注意的问题 [J].灌溉排水学报,2005,24(1): 8 - 11.

[68] 国亮.农业节水灌溉技术推广研究 [D].西北农林科技大学,2011.

[69] 郭莉.我国农业水资源配置及法律保障机制研究——以乌江流域为例 [D].河海大学,2006.

[70] 郭善民,王荣.农业水价政策作用的效果分析 [J].农业经济问题,2007,7: 41 - 44.

[71] 侯立军.我国粮食主产区建设与管理问题研究 [J].南京财经大学学报,2009,159(5):15-20.

[72] 何浩,黄晶,淮贺举.湖南省水稻水足迹计算及其变化特征分析 [J].中国农学通报,2010,(14):294-298.

[73] 黄晶,宋振伟,陈阜.北京市水足迹及农业用水结构变化特征 [J].生态学报,2010,(30):6546-6554.

[74] 黄晓芬.基于资源生产率的城市绿色竞争力研究 [D].同济大学,2006.

[75] 简新华,何志扬.中国工业反哺农业的实现机制和路径选择 [J].南京大学学报(哲学、人文科学、社会科学版),2006,(5):28-35.

[76] 孔荣,梁永.农村固定资产投资对农民收入影响过程的实证研究 [J].农业技术经济,2009,(4):1-7.

[77] 龙爱华,徐中民,王新华.人口、富裕及技术对 2000 年中国水足迹的影响 [J].生态学报,2006,(10):3358-3365.

[78] 龙永图.加入世贸组织,融入国际社会主流 [J].国际贸易问题,1999,(9):19.

[79] 李强,沈原,陶传进,等.中国水问题 [M].北京:中国人民大学出版社,2003.

[80] 李静,李红,谢丽君.中国农业污染减排潜力、减排效率与影响因素 [J].农业技术经济,2012,6:118-126.

[81] 李洪良,黄鑫,邵孝侯.农业水质性缺水的现状、原因和农业水资源保护 [J].江苏农业科学,2006,4:186-188.

[82] 李旭.社会系统动力学:政策研究的原理、方法和应用 [M].上海:复旦大学出版社,2009.

[83] 冷淞.中国城市化发展对粮食安全影响研究 [D].复旦大学,2008.

[84] 刘成玉.工农产品剪刀差研究观点述评 [J].农业经济问题,1993,(1):44-47.

[85] 刘文,彭小波.我国的农业水资源安全分析 [J].农业经济,2006,10:54-56.

[86] 刘冬梅,王克强,黄志俊.影响中国农户采用节水灌溉技术行为的因素分析 [J].中国农村经济,2008,4:44-54.

[87] 刘哲,李秉龙.虚拟水贸易理论及政策化研究进展 [J].中国人口资源与环境,2010,20(5):134-138.

[88] 马静,汪党献,Hokestra A. Y,等.虚拟水贸易在我国粮食安全问题中的应用 [J].水科学进展,2006,17(1):102-107.

[89] 马静,汪党献,来海亮,等.中国区域水足迹的估算 [J].资源科学,2005,(27):96-100.

[90] 马培衢.农业水资源有效配置的经济分析 [J].华中农业大学博士学位论文,2007.

[91] [美]莱斯特.R.布朗.生态经济:有利于地球的经济构想 [M].林自新,等,译.北京:东方出版社,2003.

[92] [美] Herman. E. Daly.超越增长 [M].诸大建,等,译.上海:上海译文出版社,2001.

[93] 牛凤瑞.我国城市化十五大热点之问与理性解析 [J].城市管理,2013,(2):4-9.

[94] 钱正英,中国水利 [M].北京:中国水利水电出版社,2012.

[95] 邱君.中国污染治理的政策分析 [D].中国农业科学院,2007.

[96] 尚望泽.旱地农业高效用水技术 [J].内蒙古电大学刊,2004,4:17-18.

[97] 宋国君,朱璇,刘天晶.水污染防治政策效果评估的问卷设计研究 [J].环境污染与防治,2012,34(9):82-95.

[98] 孙才志,陈丽新.我国虚拟水及虚拟水战略研究 [J].水利经济,2010,28(1):1-4.

[99] 孙文凯,白重恩,谢沛初.户籍制度改革对中国农村劳动力流动的影响 [J].经济研究,2011,1:28-41.

[100] 田园宏,诸大建,王欢明,等.中国主要粮食作物的水足迹值:1978-2010 [J].中国人口资源与环境,2013,23:13-19.

[101] 吴丽萍,陈宝峰,张旺.中国水利投资的发展路径分析 [J].水利财务与经济,2001:16:27-30.

[102] 许学强,周一星,宁越敏.城市地理学 [M].北京:高等教育出版社,1996.

[103] 王克强,黄俊智.我国农业节水灌溉市场非均衡研究 [J].财经科学,2006,5:72-79.

[104] 王克强,李国军,刘冬梅.中国农业水资源政策一般均衡模拟分析 [J].管理世界,2011,9:81-92.

[105] 王礼力,陆维研.农业非点源污染防治政策的政策主题分析 [J].河南社会科学,2011,19(3):107-110.

[106] 王先佳,肖文.水资源的市场机制分配机制及其效率 [J].水利学报,2001,12:26-31.

[107] 王新平,王永增.提高农业高效节水灌溉技术 [N].经济日报,2007,12月25日第16版:1-2.

[108] 夏劲燕.论太湖流域水污染的综合治理 [D].苏州大学,2012.

[109] 许郎,黄莺.农业灌溉用水效率及其影响因素分析 [J].资源科学,2012,34(1):105-113.

[110] 杨翠迎.中国社会保障制度的城乡差异及统筹改革思路 [J].浙江大学学报(人文社会科学版),2004,34(3):12-19.

[111] 杨守彬.浙江省农村水污染管制体制研究 [D].浙江财经学院,2013.

[112] 赵赟,景红霞,化俊莉.水污染成因分析与预防 [J].内蒙古水利,2009,6:81-82.

[113] 张东方.水污染物排放权有偿分配和交易体系研究 [D].南京农业大学,2009.

[114] 张振国,等.旱地农业节水灌溉技术的概念和增产效果 [J].山西农业大学学报,2000,3:282-285.

[115] 郑群峰.城乡投资差异视角下我国城乡收入差距研究 [J].金融教学与研究,2010,(2):13-17.

[116] 诸大建,田园宏.虚拟水和水足迹对比研究 [J].同济大学学报(社会科学版),2012,(23):43-49.

[117] 诸大建,朱远.生态效率与循环经济 [J].复旦学报(社科版),2005(2):60-66.

[118] 朱杰敏,张玲.农业灌区水价政策及其对节水的影响 [J].中国农村水利水电,2007,11:137-140.

[119] 朱远.中国提高资源生产率的适宜模式与推进策略研究 [D].同济大学,2007.

后　记

　　本书是在导师诸大建教授的悉心指导下完成的，衷心感谢导师给予我的指导、鼓励和帮助。在撰写和修改过程中，同时得到了 Northeastern University 的 Matthias Ruth 教授、DNV GL 的 Onur Özgün 老师、上海财经大学高琳老师、大连理工大学王欢明老师、上海立信会计学院刘国平老师、复旦大学朱春奎老师、复旦大学戴星翼老师、上海交通大学高汝熹老师、同济大学张超老师、清华大学朱俊明老师、上海海洋大学张英丽老师、中国浦东干部学院丁进锋老师、同济大学王洪涛老师、闽江学院新华东商学院邱寿丰老师等人的指导。在此谨向以上老师和专家们表示由衷的感谢。感谢中国国家留学基金委在此期间给予我的资助。感恩家人给我不渝的支持。